上海市工程建设规范

建筑工程固定脚手架及支撑架技术标准

Technical standard for fixed operation scaffold
and supporting scaffold of building engineering

DG/TJ 08—2384—2022
J 16643—2022

主编单位：上海建工集团股份有限公司
　　　　　上海建工一建集团有限公司
批准部门：上海市住房和城乡建设管理委员会
施行日期：2023 年 3 月 1 日

U0347711

同济大学出版社

2023　上海

图书在版编目(CIP)数据

建筑工程固定脚手架及支撑架技术标准/上海建工
集团股份有限公司,上海建工一建集团有限公司主编. 一
上海:同济大学出版社,2023.9
ISBN 978-7-5765-0747-8

Ⅰ. ①建… Ⅱ. ①上…②上… Ⅲ. ①建筑施工-脚
手架-技术标准 Ⅳ. ①TU731.2-65

中国国家版本馆 CIP 数据核字(2023)第 018599 号

建筑工程固定脚手架及支撑架技术标准

上海建工集团股份有限公司
上海建工一建集团有限公司　　主编

责任编辑　　朱　勇
责任校对　　徐春莲
封面设计　　陈益平
出版发行　　同济大学出版社　　www.tongjipress.com.cn
　　　　　　(地址:上海市四平路 1239 号　邮编:200092　电话:021-65985622)
经　　销　　全国各地新华书店
印　　刷　　浦江求真印务有限公司
开　　本　　889mm×1194mm　1/32
印　　张　　5.75
字　　数　　155 000
版　　次　　2023 年 9 月第 1 版
印　　次　　2023 年 9 月第 1 次印刷
书　　号　　ISBN 978-7-5765-0747-8
定　　价　　60.00 元

上海市住房和城乡建设管理委员会文件

沪建标定〔2022〕565 号

上海市住房和城乡建设管理委员会
关于批准《建筑工程固定脚手架及支撑架
技术标准》为上海市工程建设规范的通知

各有关单位：

由上海建工集团股份有限公司、上海建工一建集团有限公司主编的《建筑工程固定脚手架及支撑架技术标准》，经我委审核，现批准为上海市工程建设规范，统一编号为 DG/TJ 08—2384—2022，自 2023 年 3 月 1 日起实施。

本标准由上海市住房和城乡建设管理委员会负责管理，上海建工集团股份有限公司负责解释。

上海市住房和城乡建设管理委员会
2022 年 10 月 25 日

前　言

根据上海市住房和城乡建设管理委员会《关于印发〈2017年上海市工程建设规范编制计划〉的通知》(沪建标定〔2016〕1076号)的要求,本标准编制组经广泛的调查研究,认真总结实践经验,并参考国内外相关标准和规范,在反复征求意见的基础上,制定了本标准。

本标准的主要内容有:总则;术语和符号;基本规定;材料与构配件;荷载与组合;设计计算;构造要求;安装、使用与拆除;检查与验收;安全管理。

各单位及相关人员在执行本标准过程中,如有意见和建议,请反馈至上海市住房和城乡建设管理委员会(地址:上海市大沽路100号;邮编:200003;E-mail:shjsbzgl@163.com),上海建工集团股份有限公司(地址:上海市东大名路666号;邮编:200080;E-mail:scgbzgfs@163.com),上海市建筑建材业市场管理总站(地址:上海市小木桥路683号;邮编:200032;E-mail:shgcbz@163.com),以供今后修订时参考。

主 编 单 位:上海建工集团股份有限公司

　　　　　　上海建工一建集团有限公司

参 编 单 位:上海建工二建集团有限公司

　　　　　　上海建工四建集团有限公司

　　　　　　上海市浦东新区建设(集团)有限公司

　　　　　　舜元建设(集团)有限公司

　　　　　　上海建工七建集团有限公司

主要起草人:龚　剑　朱毅敏　龙莉波　张　铭　魏永明

　　　　　　曹文根　周　虹　梅英宝　宋　巍　朱　刚

席金虎　李　迥　王　皓　曾安平　王小安
李　华　张志峰　张　哓　张梓升　郭晓君
曾令一　祝兰兰　张　旭　赵　强

主要审查人：陶为农　汤坤林　李海光　石雪飞　罗玲丽
范明星　蔡来炳

上海市建筑建材业市场管理总站

目 次

Contents

1 总　则

1.0.1 为规范建筑工程固定脚手架及支撑架的设计、施工、使用及管理，做到安全适用、技术先进、经济合理，制定本标准。

1.0.2 本标准适用于建筑工程固定脚手架及支撑架的设计、施工、使用与管理。

1.0.3 建筑工程固定脚手架及支撑架除应符合本标准外，尚应符合国家和行业现行有关标准的规定。

2 术语和符号

2.1 术 语

2.1.1 固定作业脚手架 fixed operation scaffold

由杆件或结构单元、配件通过可靠连接而组成,支承于地面、建筑物上或附着于工程结构上,且不能沿建筑物整体或部分移动,能为建筑施工提供作业平台的脚手架。简称固定脚手架。

2.1.2 支撑脚手架 supporting scaffold

由杆件或结构单元、配件通过可靠连接而成,支承于地面或结构上,可承受各种荷载,具有安全保护功能,为建筑施工提供支撑和作业平台的脚手架。简称支撑架。

2.1.3 扣件式钢管脚手架 steel tubular scaffold with couplers

由扣件和钢管等构成,为建筑施工而搭设的承受荷载的钢管作业脚手架与支撑架。

2.1.4 承插型盘扣式钢管脚手架 disk lock steel tubular scaffolding

立杆采用套管承插连接,水平杆和斜杆采用杆端扣接头卡入连接盘,用楔形插销连接,形成结构几何不变体系的钢管作业脚手架及支撑架。

2.1.5 碗扣式钢管脚手架 bowl-coupler type steel tube scaffolding

采用碗扣方式连接的钢管作业脚手架及支撑架。

2.1.6 门式钢管脚手架 frame scaffold with steel tubule

以门架、交叉支撑、连接棒、挂扣式脚手板、锁臂、底座等组成基本结构,再以水平加固杆、剪刀撑、扫地杆加固,并采用连墙件与建筑物主体结构相连的一种定型化钢管脚手架。

2.1.7 承插型轮扣式钢管脚手架 wheel-coupler type steel tubular scaffold

由立杆、横杆、焊接在立杆上的轮扣盘、插头及保险销等构件组成,立杆采用套管承插连接,横杆采用端插头插入立杆上的轮扣盘,用保险销固定,形成结构几何不变体系的钢管作业脚手架。

2.1.8 插槽式钢管支撑架 slot type steel tube scaffolding

立杆采用套管承插连接、水平杆采用杆端模形插头卡入立杆插座、并辅以钢管扣件剪刀撑所形成的钢管支撑架。

2.1.9 悬挑式脚手架 steel tubular scaffold with couplers on bracket

垂直方向荷载通过底部型钢支承架传递到主体结构上的施工用外作业脚手架。

2.1.10 落地式卸料平台 floor type platform

施工现场临时搭设的支承于地面的操作台和操作架。

2.1.11 脚手板 scaffold board

施工人员在脚手架上行走及作业用平台板。

2.1.12 可调底座 base jack

安装在立杆底端可调节高度的底座。

2.1.13 可调托座 U-head jack

安装在立杆顶端可调节高度的顶托。

2.1.14 连墙件 anchoring

将脚手架与建筑物主体结构连接的构件。

2.1.15 剪刀撑 diagonal bracing

在脚手架竖向或水平向成对设置的交叉斜杆。

2.1.16 扫地杆 bottom reinforcing tube

贴近楼(地)面设置,连接立杆根部的纵、横向水平杆件。

2.1.17 单元框架 unit framework

由纵向、横向和竖向剪刀撑围成的矩形单元结构。

2.2　符　号

2.2.1　荷载和荷载效应

G_{1k}——单位长度钢管自重；

G_{2k}——单位长度脚手板自重；

g_{1k}——每米钢管自重；

g_{2k}——单位面积脚手板自重；

g_k——立杆承受的每米结构自重标准值；

M——弯矩设计值；

M_0——支架的倾覆力矩设计值；

$\overline{M}$——单元桁架的弯矩设计值；

M_f——风荷载产生的立杆段弯矩标准值；

M_{Gk}——脚手板自重产生的弯矩标准值；

M_{LK}——风荷载直接作用于立杆引起的立杆局部弯矩标准值；

M_{max}——计算截面弯矩最大设计值；

M_{Qk}——施工荷载产生的弯矩标准值；

M_r——支架的抗倾覆力矩设计值；

M_{TK}——风荷载作用于无剪刀撑框架式支撑结构引起的立杆弯矩标准值；

M_w——风荷载产生的弯矩设计值；

M_{WK}——风荷载产生的弯矩标准值；

N——立杆轴向力设计值；

$\overline{N}$——单元桁架的轴力设计值；

N_0——连墙件约束脚手架平面外变形所产生的轴向力；

N^d——一榀门架的稳定承载力设计值；

N_{GK}——永久荷载引起的立杆轴力标准值；

N_{G1K}——脚手架结构自重标准值产生的轴力；

N_{G2K} —— 构配件自重标准值产生的轴力；

N_k —— 上部结构传至基础顶面的立杆轴向力标准值；

N_l —— 连墙件轴向力设计值；

N_{lw} —— 风荷载产生的连墙件轴向力设计值；

N_{QK} —— 施工荷载引起的立杆轴力标准值；

$\sum N_{QK}$ —— 施工荷载标准值产生的轴向力总和；

N_v —— 连墙件与脚手架、连墙件与建筑结构连接的受拉（压）承载力设计值；

N_w —— 风荷载标准值作用下产生的轴向力；

N_{WK} —— 风荷载引起的立杆轴力标准值；

N'_E —— 立杆的欧拉临界力；

$\overline{N'_E}$ —— 单元桁架的欧拉临界力；

P_k —— 立杆基础底面处的平均压力标准值；

p —— 立杆基础底面的平均压力设计值；

p_{wk} —— 风荷载的线荷载标准值；

Q_{1k} —— 单位长度材料自重；

q_{1k} —— 单位面积材料自重；

q_{2k} —— 施工均布面荷载；

R —— 纵向或横向水平杆传给立杆的竖向作用力设计值；

R_s —— 水平杆剪力设计值（kN）；

V_{max} —— 计算截面沿腹板平面作用的剪力最大值；

V_R —— 节点抗剪承载力设计值；

σ —— 弯曲正应力；

υ —— 挠度；

τ —— 腹板计算高度边缘同一点上同时产生的剪应力；

ω_k —— 风荷载标准值。

2.2.2　材料性能和抗力

E —— 钢材的弹性模量；

f —— 钢材的抗拉、抗压、抗弯强度设计值；

f_{ak} —— 地基承载力特征值；

f_v —— 钢材的抗剪强度设计值；

f_g —— 地基承载力设计值；

R_c —— 扣件抗滑承载力设计值；

$[\upsilon]$ —— 容许挠度。

2.2.3 几何参数

A —— 钢管或构件的截面面积，基础底面面积；

$\overline{A}$ —— 单元桁架的等效截面面积；

A_g —— 可调底座底板对应的基础底面面积；

A_n —— 连墙件的净截面面积；

A_w —— 迎风面积；

A_s —— 脚手架迎风面挡风面积；

A_y —— 脚手架迎风面面积；

a —— 可调托座支撑点至顶层水平杆中心线的距离；

a_1 —— 木垫板或木脚手板宽度；

B —— 支撑结构横向宽度；

b_2 —— 门架立杆和立杆加强杆的中心距；

b —— 沿木垫板或木脚手板铺设方向的相邻立杆间距；

b_m —— 门架宽度；

H —— 脚手架的搭设高度；

H_1 —— 连墙件竖向间距；

$[H]$ —— 脚手架允许搭设高度；

h —— 步距；

h' —— 支架顶层水平杆步距，宜比最大步距较少一个轮（盘）扣的距离；

I —— 毛截面惯性矩；

I_n —— 梁净截面惯性矩；

i —— 截面回转半径；

$\overline{i}$ —— 单元桁架的等效截面回转半径；

L_1 ——连墙件水平间距；

l_0 ——立杆计算长度，纵、横向水平杆计算跨度；

l_a ——立杆纵距；

l_b ——立杆横距；

l_m ——门架跨距；

l_{min} ——立杆纵向间距 l_a、横向间距 l_b 中的较小值；

n_b ——支撑结构立杆横向跨数；

n_{wa} ——单元框架的纵向跨数；

S ——计算剪应力处毛截面面积矩；

s ——杆件间距；

t_w ——型钢腹板厚度；

W ——截面模量；

$\overline{W}$ ——单元桁架的等效截面模量；

y_1 ——计算点至型钢中和轴的距离；

λ ——长细比；

$\overline{\lambda}$ ——单元桁架的等效长细比。

2.2.4 计算系数

k ——立杆计算长度附加系数；

k_c ——支撑结构的地基承载力调整系数；

k_x ——悬臂端计算长度折减系数；

μ ——考虑脚手架稳定因素的单杆计算长度系数；

α_1 ——扫地杆高度与步距之比；

α_2 ——悬臂长度与步距之比；

β_a ——扫地杆高度与悬臂长度修正系数；

β_H ——高度修正系数；

γ_G ——永久荷载分项系数；

γ_Q ——可变荷载分项系数；

γ_0 ——结构重要性系数；

φ ——轴心受压构件的稳定系数；

φ' ——加密区立杆的稳定系数；

φ_C ——施工荷载、其他可变荷载组合值系数；

φ_s ——脚手架挡风系数；

φ_w ——风荷载组合值系数；

ψ_Q ——可变荷载组合值系数。

3 基本规定

3.0.1 固定脚手架及支撑架应构造合理、连接牢固、搭设与拆除方便、使用安全可靠。

3.0.2 在固定脚手架及支撑架搭设和拆除作业前，应根据工程结构、施工环境等特点编制专项施工方案，并应经审批后组织实施。

3.0.3 专项施工方案应包括下列内容：

1 工程概况、编制依据。

2 施工部署。

3 施工计划。

4 搭设与拆除（施工工艺技术）。

5 安全质量保证措施。

6 施工管理及作业人员配备和分工。

7 验收要求，包括验收标准、验收程序、验收内容、验收人员等。

8 施工监测。

9 应急预案。

10 计算书。

11 图纸。

3.0.4 固定脚手架及支撑架搭设场地必须平整、坚实、有排水措施。

3.0.5 固定脚手架与支撑架的设计、搭设、使用和维护应符合下列规定：

1 应能承受设计荷载。

2 结构应稳固，不得发生影响正常使用的变形。

3 应满足使用要求,具有安全防护功能。

4 在使用中,脚手架结构性能不得发生明显改变。

5 脚手架所依附、承受的工程结构不应受到损害。

3.0.6 固定脚手架及支撑架结构设计应根据脚手架种类、搭设高度和荷载确定安全等级。固定脚手架及支撑架安全等级的划分应符合表3.0.6的规定。

表3.0.6 固定脚手架及支撑架的安全等级

落地作业脚手架		悬挑脚手架		满堂作业脚手架		支撑架		安全等级
搭设高度(m)	荷载效应基本组合的设计值(kN)	搭设高度(m)	荷载效应基本组合的设计值(kN)	搭设高度(m)	荷载效应基本组合的设计值(kN)	搭设高度(m)	荷载效应基本组合的设计值(kN)	
≤40	—	≤20	—	≤16	—	≤8	≤15 kN/m² 或≤20 kN/m 或≤7 kN/点	Ⅱ
>40	—	>20	—	>16	—	>8	>15 kN/m² 或>20 kN/m 或>7 kN/点	Ⅰ

注:支撑架的搭设高度、荷载中任一项不满足安全等级为Ⅱ级的条件时,其安全等级应划为Ⅰ级。

4 材料与构配件

4.1 一般规定

4.1.1 脚手架钢管应采用现行国家标准《直缝电焊钢管》GB/T 13793 或《低压流体输送用焊接钢管》GB/T 3091 中规定的 Q235 和 Q345 普通钢管,钢管的钢材质量应符合现行国家标准《碳素结构钢》GB/T 700 中 Q235 级钢或《低合金高强度结构钢》GB/T 1591 中 Q345 级钢的规定。

4.1.2 架体结构的连接材料应符合下列规定:

1 用可锻铸铁或铸钢制作的构配件材质,其质量和性能应符合现行国家标准《钢管脚手架扣件》GB 15831、《可锻铸铁件》GB/T 9440 中 KTH 330-08 或《一般工程用铸造碳钢件》GB/T 11352 中 ZG 230-45 的规定。

2 手工焊接所采用的焊条应符合现行国家标准《碳钢焊条》GB/T 5117 或《低合金钢焊条》GB/T 5118 的规定,焊条型号应与所焊接金属物理性能相适应。

3 自动焊接或半自动焊接采用的焊丝应符合现行国家标准《熔化焊用钢丝》GB/T 14957、《气体保护电弧焊用碳钢、低合金钢焊丝》GB/T 8110、《碳钢药芯焊丝》GB/T 10045、《低合金钢药芯焊丝》GB/T 17493 的要求,焊丝应与被焊金属物理性能相适应。

4 普通螺栓应符合现行国家标准《六角头螺栓 C 级》GB/T 5780 的规定。

4.1.3 脚手板宜采用钢笆制作,其材质及质量应符合下列规定:

1 单块脚手板的重量不宜大于 30 kg。

2 冲压钢脚手板的材质应符合现行国家标准《碳素结构钢》GB/T 700 中 Q235 级钢的规定。

4.1.4 可调托座及可调底座应符合下列规定：

1 对可调托座及可调底座，当采用实心螺杆时，其材质应符合现行国家标准《碳素结构钢》GB/T 700 中 Q235 级钢的规定；当采用空心螺杆时，其材质应符合现行国家标准《结构用无缝钢管》GB/T 8162 中 20 号无缝钢管的规定。

2 可调托座及可调底座调节螺母铸件应采用碳素铸钢或可锻铸铁，其材质应分别符合现行国家标准《一般工程用铸造碳钢件》GB/T 11352 中 ZG 270-500 牌号和《可锻铸铁件》GB/T 9440 中 KTH 330-08 牌号的规定。

3 可调托座 U 形托板和可调底座垫板应采用碳素结构钢，其材质应符合现行国家标准《碳素结构钢和低合金结构钢热轧厚钢板和钢带》GB/T 3274 中 Q235 级钢的规定。

4 调节螺母厚度不得小于 30 mm。

5 螺杆外径不得小于 38 mm，空心螺杆壁厚不得小于 5 mm，螺杆直径与螺距应符合现行国家标准《梯型螺纹 第 2 部分：直径与螺距系列》GB/T 5796.2 和《梯型螺纹 第 3 部分：基本尺寸》GB/T 5796.3 的规定。

6 螺杆与螺母啮合长度不得少于 5 扣。

7 可调托座 U 形托板厚度不得小于 5 mm，弯曲变形不应大于 1 mm，可调底座垫板厚度不得小于 6 mm，螺杆与托板或垫板应焊接牢固，焊脚尺寸不应小于钢板厚度并宜设置加劲板。

4.1.5 连墙件宜采用钢管或型钢制作，其材质应符合现行国家标准《碳素结构钢》GB/T 700 中 Q235 级钢或《低合金高强度结构钢》GB/T 1591 中 Q345 级钢的规定。

4.1.6 构配件每使用一个安装、拆除周期后，应进行检查、分类、维护和保养，对不合格品应报废。

4.2 扣件式钢管脚手架

4.2.1 钢管宜采用 Φ48.3×3.6 钢管,用作支撑架时钢管壁厚不宜小于 3.24 mm,不应小于 3.00 mm,用作固定脚手架时钢管壁厚不应小于 3.24 mm,每根钢管的最大质量不应大于 25.8 kg。

4.2.2 采用可锻铸铁或铸钢制造的扣件,其质量和性能应符合现行国家标准《钢管脚手架扣件》GB 15831 的规定。采用其他材料制作的扣件,应经试验证明其质量符合该标准的规定后方可使用。扣件在螺栓拧紧扭力矩达到 65 N·m 时,不得发生破坏。

4.2.3 扣件的主要种类应包括直角扣件、旋转扣件和对接扣件(图 4.2.3)。

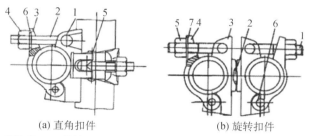

(a) 直角扣件
1—直角座;2—螺栓;3—盖板;
4—螺栓;5—螺母;6—销钉

(b) 旋转扣件
1—螺栓;2—铆钉;3—旋转座;4—螺栓;
5—螺母;6—销钉;7—垫圈

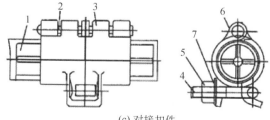

(c) 对接扣件
1—杆芯;2—铆钉;3—对接座;4—螺栓;5—螺母;6—对接盖;7—垫圈

图 4.2.3 扣件种类

4.2.4 扣件用螺栓、螺母、垫圈、铆钉采用的材料应符合现行国家标准《碳素结构钢》GB/T 700 的有关规定。螺栓与螺母连接的螺纹均应符合现行国家标准《普通螺纹基本尺寸》GB/T 196 的规定,垫圈厚度应符合现行国家标准《平垫圈》GB/T 95 的规定,铆钉应符合现行国家标准《半圆头铆钉》GB 867 的规定。T 形螺栓 M12,其总长应为(72±0.5)mm,螺母对边宽应为(22±0.5)mm,厚度应为(14±0.5)mm;铆钉直径应为(8±0.5)mm,铆接头应大于铆孔直径 1 mm,旋转扣件中心铆钉直径应为(14±0.5)mm。

4.2.5 主要构配件允许偏差应按本标准附录 A 采用。

4.3 盘扣式钢管脚手架

4.3.1 盘扣节点应由焊接于立杆上的连接盘、水平杆杆端扣接头和斜杆杆端扣接头组成(图 4.3.1)。

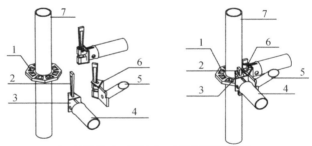

1—连接盘;2—插销;3—水平杆杆端扣接头;
4—水平杆;5—斜杆;6—斜杆杆端扣接头;7—立杆

图 4.3.1 盘扣节点

4.3.2 插销外表面应与水平杆和斜杆端扣接头内表面吻合,插销连接应保证锤击自锁后不拔脱,抗拔力不得小于 3 kN。

4.3.3 插销应具有可靠防拔脱构造措施,且应设置便于目视检查楔入深度的刻痕或颜色标记。

4.3.4 立杆盘扣节点间距宜按 0.5 m 或 0.6 m 模数设置;横杆长度宜按 0.3 m 模数设置。

4.3.5 主要构配件种类、规格宜符合本标准附录 B 表 B.0.1 的要求。

4.3.6 盘扣式钢管支架的构配件除有特殊要求外,其材质应符合现行国家标准《低合金高强度结构钢》GB/T 1591、《碳素结构钢》GB/T 700 以及《一般工程用铸铁碳钢件》GB/T 11352 的规定。

4.3.7 钢管外径允许偏差应符合表 4.3.7 的规定,钢管壁厚允许偏差应为±0.1 mm。

表 4.3.7 钢管外径允许偏差(mm)

外径 D	外径允许偏差
33、38、42、48	$+0.2$ -0.1
60	$+0.3$ -0.1

4.3.8 连接盘、扣接头、插销以及可调螺母的调节手柄采用碳素铸钢制造时,其材料机械性能不得低于现行国家标准《一般工程铸造碳钢件》GB/T 11352 中牌号为 ZG 230-450 的屈服强度、抗拉强度、延伸率的要求。

4.3.9 杆件焊接制作应在专用工艺装备上进行,各焊接部位应牢固可靠。焊丝宜符合现行国家标准《气体保护电弧焊用碳钢、低合金钢焊丝》GB/T 8110 中气体保护电弧焊用碳钢、低合金钢焊丝的要求,有效焊缝高度不应小于 3.5 mm。

4.3.10 铸钢制作的杆端扣接头应与立杆钢管外表面形成良好的弧面接触,并有不小于 500 mm² 的接触面积。

4.3.11 楔形插销的斜度应满足楔入连接盘后能自锁。铸钢、钢板热锻或钢板冲压制作的插销厚度不应小于 8 mm,尺寸允许偏差应为±0.1 mm。

4.3.12 立杆连接套管可采用铸钢套管和无缝钢管套管。采用铸钢套管形式的立杆连接套长度不应小于 90 mm,可插入长度不应小于 75 mm;采用无缝钢管套管形式的立杆连接套长度不应小于 160 mm,可插入长度不应小于 110 mm。套管内径与立杆钢管外径间隙不应大于 2 mm。

4.3.13 立杆与立杆连接套管应设置固定立杆连接件的防拔出销孔,销孔孔径不应大于 14 mm,允许尺寸偏差应为±0.1 mm,立杆连接件直径宜为 12 mm,允许尺寸偏差应为±0.1 mm。

4.3.14 连接盘与立杆焊接固定时,连接盘盘心与立杆轴心的不同轴度不应大于 0.3 mm,以单侧边连接盘外边缘处为测点,盘面与立杆纵轴线正交的垂直度偏差不应大于 0.3 mm。

4.3.15 主要构配件的制作质量及形位要求,应符合本标准附录 B 表 B.0.2 的规定。

4.3.16 可调托座、可调底座承载力,应符合本标准附录 B 表 B.0.3 的规定。

4.3.17 挂扣式钢脚手板座承载力,应符合本标准附录 B 表 B.0.4 的规定。

4.4 碗扣式钢管脚手架

4.4.1 立杆的碗扣节点应由上碗扣、下碗扣、水平杆接头和限位销组成(图 4.4.1)。

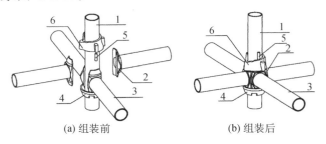

(a) 组装前　　　　　(b) 组装后

1—立杆;2—水平接头;3—水平杆;4—下碗扣;5—限位销;6—上碗扣

图 4.4.1　碗扣节点

4.4.2 立杆碗扣节点间距,对 Q235 级材质钢管立杆宜按 0.6 m 模数设置,对 Q345 级材质钢管宜按 0.5 m 模数设置。水平杆长度宜按 0.3 m 模数设置。

4.4.3 碗扣式钢管脚手架主要构配件种类和规格宜符合本标准附录 C 的规定。

4.4.4 钢管应采用现行国家标准《直缝电焊钢管》GB/T 13793 或《低压流体输送用焊接钢管》GB/T 3091 中规定的普通钢管,其材质性能应符合下列规定:

    1 立杆接长当采用外插套时,外插套管壁厚不应小于 3.5 mm;当采用内插套时,内插套管壁厚不应小于 3.0 mm。插套长度不应小于 160 mm,焊接端插入长度不应小于 60 mm,外伸长度不应小于 100 mm,插套与立杆钢管间的间隙不应大于 2 mm。

    2 钢管弯曲度允许偏差应为 2 mm/m。

    3 立杆碗扣节点间距允许偏差应为 ±0.1 mm。

    4 下碗扣碗口平面与立杆轴线的垂直度允许偏差应为 1.0 mm。

    5 水平杆曲板接头弧面轴线与水平杆轴心线的水平度弧度允许偏差应为 1.0 mm。

4.4.5 构配件应具有良好的互换性,应能满足各种施工工况下的组架要求,并应符合下列规定:

    1 立杆的上碗扣应能上下窜动、转动灵活,不得有卡滞现象。

    2 立杆与立杆的连接孔处应能插入 Φ10 mm 连接销。

    3 碗扣节点上安装 1～4 个水平杆时,上碗口应均能锁紧。

    4 当搭设不少于 2 步 3 跨 1.8 m×1.8 m×1.2 m(步距×纵距×横距)的整体脚手架时,每一框架内立杆的垂直度偏差应小于 5 mm。

4.4.6 主要构配件极限承载力性能指标应符合下列规定:

    1 上碗扣沿水平杆方向受拉承载力不应小于 30 kN。

    2 下碗扣组焊后沿立杆方向剪切承载力不应小于 60 kN。

3 水平杆接头沿水平杆方向剪切承载力不应小于 50 kN。

4 水平杆接头焊接剪切承载力不应小于 25 kN。

5 可调底座受压承载力不应小于 100 kN。

4.5 门式钢管脚手架

4.5.1 门架与构配件钢管应采用现行国家标准《直缝电焊钢管》GB/T 13793 或《低压流体输送用焊接钢管》GB/T 3091 中规定的普通钢管,其材质应符合现行国家标准《碳素结构钢》GB/T 700 中 Q235 级钢的要求。门架与配件的性能、质量及型号的表述方法应符合现行行业标准《门式钢管脚手架》JG 13 的有关规定。

4.5.2 周转使用的门架与配件应按本标准附录 D 的规定进行质量类别判别与处置。

4.5.3 门架立杆加强杆的长度不应小于门架高度的 70%,门架宽度不得小于 800 mm,且不宜大于 1 200 mm。

4.5.4 加固杆钢管应采用符合现行国家标准《直缝电焊钢管》GB/T 13793 或《低压流体输送用焊接钢管》GB/T 3091 中规定的普通钢管,其材质应符合现行国家标准《碳素结构钢》GB/T 700 中 Q235 级钢的规定。宜采用 $\Phi 42 \times 2.5$ mm 的钢管,也可采用 $\Phi 48 \times 3.5$ mm 的钢管;相应的扣件规格也应分别为 $\Phi 42$ 或 $\Phi 48$。

4.5.5 门架钢管平直度允许偏差不应大于管长的 1/500,钢管不得接长使用,不应使用带有硬伤或严重锈蚀的钢管。门架立杆、横杆钢管壁厚的负偏差不应大于 0.2 mm,钢管壁厚存在负偏差时,宜选用热镀锌钢管。

4.5.6 交叉支撑、锁臂、连接棒等配件与门架相连时,应有防止退出的止退机构,当连接棒与锁臂一起应用时,连接棒可不受此限。脚手板、钢梯与门架相连的挂扣,应有防止脱落的扣紧机构。

4.5.7 扣件应采用可锻铸铁或铸钢制造,其质量和性能应符合现行国家标准《钢管脚手架扣件》GB 15831 的要求。连接外径为Φ42 或 Φ48 钢管的扣件应有明显标识。

4.5.8 门架、配件及扣件的计算用表可按本标准附录 E 的规定采用。

4.6 轮扣式钢管脚手架

4.6.1 轮扣式节点应由立杆、端插头、横杆、轮扣盘、保险销孔、保险销组成(图 4.6.1)。

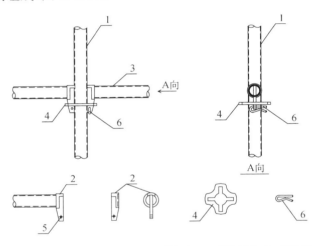

1—立杆;2—端插头;3—横杆;4—轮扣盘;5—保险销孔;6—保险销

图 4.6.1 轮扣节点

4.6.2 横杆端插头应焊接于横杆的两端,其厚度及下伸的长度应满足本标准附录 F 的要求。

4.6.3 横杆端插头应与轮扣盘匹配,端插头插入轮扣盘内,其外表面应与轮扣内表面相吻合,并应保证锤击自锁后不拔脱,抗拔力不得小于 3 kN。

4.6.4 立杆和横杆宜采用截面直径 Φ48×3.2 mm 或以上规格的钢管,立杆和横杆规格尺寸和允许偏差按本标准附录 F 采用。

轮扣盘在立杆上的间距宜按 0.6 m 的模数设置。

4.6.5 立杆之间的连接应采用立杆插套连接,立杆插套壁厚不应小于 3.2 mm,长度不应小于 160 mm,焊接端插入长度不应小于 60 mm,外伸长度不应小于 100 mm,套管内径与立杆钢管外径间隙不应大于 1.5 mm。

4.6.6 可调底座螺杆与底座板应焊接牢固,底座钢板厚度应满足本标准附录 F 的要求。

4.6.7 轮扣式钢管脚手架的构配件除有特殊要求外,轮扣式脚手架的钢管应符合现行国家标准《直缝电焊钢管》GB/T 13793 或《低压流体输送用焊接钢管》GB/T 3091 中规定的 Q235 普通钢管的要求,其材质应符合现行国家标准《碳素结构钢》GB/T 700 的规定。轮扣盘、横杆端插头以及可调螺母的调节手柄采用碳素铸钢制造时,其材料机械性能不得低于现行国家标准《一般工程用铸造碳钢件》GB/T 11352 中牌号为 ZG 230-450 的屈服强度、抗拉强度、延伸率的要求。底座或托座螺杆采用碳素钢制造时,其材质应符合现行国家标准《碳素结构钢》GB/T 700 中 Q235 的规定。调节螺母采用碳素铸钢制造时,其材料应采用机械性能不低于现行国家标准《一般工程用铸造碳钢件》GB/T 11352 中规定的 ZG 270-500 牌号的铸钢。

4.6.8 主要构配件允许偏差应按本标准附录 F 采用。

4.6.9 轮扣构件的焊缝必须是双面焊、连续焊,不允许用跳焊、点焊。轮扣盘与立杆连接部位以及横杆与端插头的连接处应采用焊接,连接焊缝应满焊,焊脚尺寸不应小于 3.5 mm。

4.7 插槽式钢管脚手架

4.7.1 插槽式支架的主节点应由焊接于水平杆杆端插头插入焊接于立杆上的插座组成,如图 4.7.1 所示。

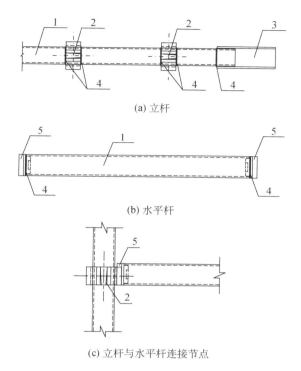

(a) 立杆

(b) 水平杆

(c) 立杆与水平杆连接节点

1—钢管;2—插座;3—套管;4—焊缝;5—插头

图 4.7.1 主节点

4.7.2 插座和插头接触面应吻合,插头上口与下口宽度差不应小于 5 mm,插座上口与下口宽度差不应小于 5 mm。

4.7.3 焊接于立杆上的插座间距宜按 0.5 m 模数设置;水平杆长度宜按 0.3 m 模数设置。

4.7.4 插槽式支架立杆连接方式应为底部焊有套管的上立杆套入下立杆顶部(图 4.7.4)。

4.7.5 上部立杆的立杆套管套入下部立杆的钢管后,立杆套管上下相邻的插座间距应满足插座间距模数要求,宜按 0.5 m设置。

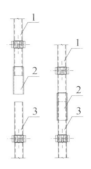

1—上立杆;2—焊接于上立杆底部的立杆套管;3—下立杆

图 4.7.4　立杆接长节点

4.7.6　主要构配件种类、规格宜符合本标准附录 G 中表 G.0.1 的要求。

4.7.7　支架各杆件钢管外径、壁厚、允许偏差应符合表 4.7.7 的规定。

表 4.7.7　钢管外径、壁厚、允许偏差(mm)

杆件	外径	外径允许偏差	壁厚	壁厚允许偏差
立杆	48.3	±0.3	3.0	0～+0.5
水平杆	48.3	±0.5	3.0	0～+0.5

4.7.8　插槽式支架的构配件除特殊要求外,其材质应符合现行国家标准《低压流体输送用焊接钢管》GB/T 3091、《碳素结构钢》GB/T 700 以及《一般工程用铸造碳钢件》GB/T 11352 的规定,支架各类主要构配件材质不应低于表 4.7.8 的规定。

表 4.7.8　插槽式支架主要构配件材质

立杆	水平杆	插座	插头	立杆套管	可调底座、可调托座	可调螺母
Q235	Q235	ZG 200-400	ZG 200-400	ZG 200-400 或 20 号无缝钢管	Q235	ZG 270-500

4.7.9 插头、插座采用碳素铸钢制造时，其材料机械性能不得低于现行国家标准《一般工程用铸造碳钢件》GB/T 11352 中牌号为 ZG 230-450 的屈服强度、抗拉强度、延伸率的要求。

4.7.10 铸钢插座、插头允许尺寸偏差应为±0.2 mm。

4.7.11 立杆套管可采用铸钢或无缝钢管，壁厚不应小于 4 mm。采用铸钢形式的套管长度不应小于 90 mm，可插入长度不应小于 75 mm；采用无缝钢管形式的套管长度不应小于 160 mm，可插入长度不应小于 110 mm。套管内径与立杆钢管外径差不应大于 4 mm，且最大间隙不得大于 2 mm。

4.7.12 立杆、水平杆的垂直度不应大于 $L/1\,000$，钢管两端面切斜偏差不得大于 1.7‰。

4.7.13 插座与立杆焊接固定时，插座间距允许偏差应为±0.1 mm；插座轴心与立杆轴心的偏差距离不应大于 1 mm；以单侧边插座外边缘处为测点，插座水平面与立杆纵轴线正交的垂直度偏差不应大于 0.5 mm（图 4.7.13）。

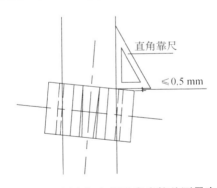

图 4.7.13　插座与立杆垂直度偏差测量方法

4.7.14 插头与水平杆焊接固定时，两端插头应平行，插头与水平面应垂直，垂直投影偏差应为±0.5 mm。

4.7.15 主要构配件允许偏差应按本标准附录 G 中表 G.0.2 采用。

4.8 悬挑式脚手架

4.8.1 悬挑脚手架的悬挑梁或悬挑桁架应采用型钢制作,其材质应符合现行国家标准《碳素结构钢》GB/T 700 中 Q235 级钢或《低合金高强度结构钢》GB/T 1591 中 Q345 级钢的规定。型钢支承架宜采用双轴对称截面型钢,截面高度不应小于 160 mm。

4.8.2 用于固定型钢悬挑梁的 U 型钢筋锚环或锚固螺栓材质应符合现行国家标准《钢筋混凝土用钢　第 1 部分:热轧光圆钢筋》GB 1499.1 中 HPB300 级钢筋的规定。不得采用冷加工钢筋制作锚环。

4.8.3 用于固定吊拉构件的吊环材质应符合现行国家标准《钢筋混凝土用钢　第 1 部分:热轧光圆钢筋》GB 1499.1 的规定。

4.8.4 吊拉构件采用钢筋拉杆时,其技术性能应符合现行国家标准《钢筋混凝土用钢　第 1 部分:热轧光圆钢筋》GB 1499.1 的规定。以圆钢拉杆作为吊拉构件时,圆钢直径不宜小于 20 mm,材质不应低于 Q235B。拉杆应设置具备锁紧功能的调节装置,与钢梁的水平夹角不应小于 45°。

5 荷载与组合

5.1 荷载的分类及标准值

5.1.1 作用于脚手架的荷载应分为永久荷载和可变荷载,在设计计算时应考虑永久荷载和可变荷载相应的分项系数。

5.1.2 脚手架的永久荷载应包含下列项目:

    1 脚手架结构件自重。

    2 脚手板、安全网、栏杆等附件的自重。

    3 支撑架的支承体系自重。

    4 支撑架之上的建筑结构材料及堆放物的自重。

    5 其他可按永久荷载计算的荷载。

5.1.3 脚手架的可变荷载应包含下列项目:

    1 施工荷载。

    2 风荷载。

    3 其他可变荷载。

5.1.4 脚手架永久荷载标准值的取值应符合下列规定:

    1 材料和构配件可按现行国家标准《建筑结构荷载规范》GB 50009 规定的自重值取为荷载标准值。

    2 工具和机械设备等产品可按通用的理论重量及相关标准的规定取其荷载标准值。

    3 可采取有代表性的抽样实测,并进行数理统计分析,可将实测平均值加 2 倍均方差作为其荷载标准值。

5.1.5 脚手架可变荷载标准值的取值应符合下列规定:

    1 脚手架作业层上的施工荷载标准值应根据实际情况确定,且不应低于表 5.1.5-1 的规定。

表 5.1.5-1　固定脚手架施工荷载标准值

序号	固定脚手架用途	施工荷载标准值（kN/m²）
1	砌筑工程作业	3.0
2	其他主体结构工程作业	2.0
3	装饰装修作业	2.0
4	防护作业	1.0

注:斜梯施工荷载标准值按其水平投影面积计算,取值不应低于 2.0 kN/m²。

2　当固定脚手架上存在 2 个及以上作业层同时作业时,在同跨距内各操作层的施工荷载标准值总和不得超过 5.0 kN/m²,取值不得小于 4.0 kN/m²。

3　支撑架作业层上的施工荷载标准值应根据实际情况确定,且不应低于表 5.1.5-2 的规定。

表 5.1.5-2　支撑架施工荷载标准值

类别		施工荷载标准值（kN/m²）
混凝土结构模板支撑架	一般	2.0
	有水平泵管设置	4.0
钢结构安装支撑架	轻钢结构、轻钢空间网架结构	2.0
	普通钢结构	3.0
	重型钢结构	3.5
其他		2.0

4　支撑架上移动的设备、工具等物品应按其自重计算可变荷载标准值。

5.1.6　脚手架上振动、冲击物体应按其自重乘以动力系数后取值计入可变荷载标准值,动力系数可取值为 1.35。

5.1.7　作用于脚手架上的水平风荷载标准值,应按下式计算:

$$\omega_k = \mu_z \mu_s \omega_0 \qquad (5.1.7)$$

式中：ω_k——风载荷标准值（kN/m²）；

μ_z——风压高度变化系数，应按现行国家标准《建筑结构荷载规范》GB 50009 的规定取用；

μ_s——风荷载体型系数，应按表 5.1.7 的规定取用；

ω_0——基本风压值（kN/m²），应按现行国家标准《建筑结构荷载规范》GB 50009 的规定取重现期 $n = 10$ 对应的风压值。

表 5.1.7　脚手架风荷载体型系数 μ_s

背靠建筑物的状况	全封闭墙	敞开、框架和开洞墙
全封闭固定脚手架	$1.0\,\varphi_s$	$1.3\,\varphi_s$
敞开式支撑架	μ_{stw}	

注：1　φ_s 为脚手架挡风系数且 $\varphi_s = 1.2\dfrac{A_s}{A_y}$，其中 A_s 为脚手架迎风面挡风面积（m²），A_y 为脚手架迎风面面积（m²）。

2　当采用密目安全网全封闭时，取 $\varphi_s = 0.8$，μ_s 最大值取 1.0。

3　μ_{stw} 为按多榀桁架确定的支撑架整体风荷载体型系数，按现行国家标准《建筑结构荷载规范》GB 50009 的规定计算。

5.1.8　高耸塔式结构、悬臂结构等特殊脚手架结构在水平风荷载标准值计算时，应计入风振系数。

5.2　荷载组合

5.2.1　脚手架设计应根据正常搭设和使用过程中在脚手架上可能出现的荷载，按承载能力极限状态和正常使用极限状态分别进行荷载组合，并应取各自最不利的荷载组合进行设计。

5.2.2　脚手架结构及构配件承载能力极限状态设计时，应按下列规定采用荷载的基本组合：

1　固定脚手架荷载的基本组合应按表 5.2.2-1 的规定采用。

表 5.2.2-1 固定脚手架荷载的基本组合

计算项目	荷载的基本组合
水平杆强度;悬挑脚手架悬挑支承结构强度、稳定承载力	永久荷载＋施工荷载
立杆稳定承载力	永久荷载＋施工荷载＋φ_w风荷载
连墙件强度、稳定承载力	风荷载＋N_o风荷载组合值系数
立杆地基承载力	永久荷载＋施工荷载

注:1 表中的"＋"仅表示各项荷载参与组合,而不表示代数相加。
   2 φ_w为风荷载组合值系数;N_o为连墙件约束固定脚手架的平面外变形所产生的轴向力设计值。

2 支撑架荷载的基本组合应按表 5.2.2-2 的规定采用。

表 5.2.2-2 支撑架荷载的基本组合

计算项目		荷载基本组合
水平杆强度	由永久荷载控制的组合	永久荷载＋φ_C施工荷载及其他可变荷载
	由可变荷载控制的组合	永久荷载＋施工荷载＋φ_C其他可变荷载
立杆承载力	由永久荷载控制的组合	永久荷载＋φ_C施工荷载及其他可变荷载＋φ_w风荷载
	由永久荷载控制的组合	永久荷载＋施工荷载＋φ_C其他可变荷载＋φ_w风荷载
支撑架倾覆 立杆地基承载力		永久荷载＋施工荷载及其他可变荷载＋风荷载

注:1 表中的"＋"仅表示各项荷载参与组合,而不表示代数相加。
   2 φ_C为施工荷载、其他可变荷载组合值系数。
   3 强度计算项目包括连接强度计算。
   4 立杆承载力计算在室内或无风环境下不组合风荷载。
   5 倾覆计算时,抗倾覆荷载组合计算不计入可变荷载。

5.2.3 脚手架结构及构配件正常使用极限状态设计时,应按下列规定采用荷载的标准组合:

1 固定脚手架荷载的标准组合应按表 5.2.3-1 的规定采用。

表 5.2.3-1 固定脚手架荷载的标准组合

计算项目	荷载的标准组合
水平杆挠度	永久荷载
悬挑脚手架水平型钢悬挑梁挠度	

2 支撑架荷载的标准组合应按表 5.2.3-2 的规定采用。

表 5.2.3-2 支撑架荷载的标准组合

计算项目	荷载的标准组合
水平杆挠度	永久荷载

注:适用于支撑架顶水平杆承重时的挠度计算。

5.2.4 荷载分项系数取值应符合表 5.2.4 的规定。

表 5.2.4 荷载分项系数

脚手架种类	验算项目	荷载分项系数			
		永久荷载		可变荷载	
固定脚手架	强度、稳定承载力	1.2		1.4	
	地基承载力	1.2		1.4	
	挠度	1.0		0	
	悬挑脚手架计算型钢支撑架的强度和稳定性	1.35		1.4	
支撑架	强度、稳定承载力	由可变荷载控制的组合	1.2	1.4	
		由永久荷载控制的组合	1.35		
	地基承载力	1.2		1.4	
	挠度	1.0		0	
	倾覆	有利	0.9	有利	0
		不利	1.35	不利	1.4

6 设计计算

6.1 一般规定

6.1.1 结构设计应依据现行国家标准《建筑结构可靠度设计统一标准》GB 50068、《建筑结构荷载规范》GB 50009、《钢结构设计标准》GB 50017、《冷弯薄壁型钢结构技术规范》GB 50018 和《建筑施工脚手架安全技术统一标准》GB 51210 的规定,采用概率极限状态设计法,采用分项系数的设计表达式,且应考虑综合安全系数指标进行设计。

6.1.2 固定脚手架应进行下列设计计算:

1 立杆的稳定性计算。

2 纵、横向水平杆的承载力计算。

3 连墙件的强度、稳定性和连接强度的计算。

4 立杆地基承载力计算。

5 悬挑脚手架应进行型钢支撑架、拉杆的强度、变形和稳定性计算及附墙点结构验算。

6.1.3 支撑架应进行下列设计计算:

1 支撑架的稳定性计算。

2 独立脚手支撑架超出规定高宽比时的抗倾覆验算。

3 连墙件的强度、稳定性和连接强度的计算。

4 通过立杆连接盘传力的连接盘抗剪承载力验算。

5 立杆地基承载力计算。

6.1.4 固定脚手架及支撑架设计应保证整体结构形成几何不变体系,应具有足够的承载力和刚度,并应保证其整体稳定性。

6.1.5 固定脚手架及支撑架中的受弯构件,应根据正常使用极限状态的要求验算变形。验算构件变形时,应采用荷载效应的标准组合的设计值,各类荷载分项系数均应取 1.0。

6.1.6 固定脚手架及支撑架的设计除应满足计算要求外,还应符合有关构造要求。

6.1.7 支撑架立杆长细比不得大于 150,固定脚手架立杆长细比不得大于 210;其他杆件中的受压杆件长细比不得大于 230,受拉杆件长细比不得大于 350。

6.2 固定脚手架设计

6.2.1 无风荷载时,立杆承载力应按下列公式计算:

1 立杆轴向力设计值

$$N = 1.2(N_{G1K} + N_{G2K}) + 0.9 \times 1.4 \sum N_{QK}$$
(6.2.1-1)

2 立杆计算长度

$$l_0 = k\mu h$$
(6.2.1-2)

3 立杆稳定性

$$\frac{N}{\varphi A} \leqslant f$$
(6.2.1-3)

式中:N ——立杆轴向力设计值(kN);

N_{G1K} ——脚手架结构自重标准值产生的轴力(kN);

N_{G2K} ——构配件自重标准值产生的轴力(kN);

$\sum N_{QK}$ ——施工荷载标准值产生的轴向力总和(kN),内外立杆可按一纵距(跨)内施工荷载总和的 1/2 取值;

l_0 ——立杆计算长度;

k ——立杆计算长度附加系数;

μ ——考虑脚手架整体稳定性的立杆计算长度系数;

h——脚手架水平杆竖向最大步距(m);

φ——轴心抗压强度稳定系数;

A——立杆横截面面积(mm^2);

f——钢材的抗压强度设计值(N/mm^2)。

6.2.2 采用组合风荷载时,立杆承载力应按下列公式计算:

1 立杆轴向力设计值

$$N = 1.2(N_{G1K} + N_{G2K}) + 0.9 \times 1.4 \sum N_{QK}$$

$$(6.2.2\text{-}1)$$

当采用一榀门式脚手架时

$$N = 1.2(N_{G1K} + N_{G2K}) + 0.9 \times 1.4 \left(\sum N_{QK1} + \frac{2M_{wk}}{b_m} \right)$$

$$(6.2.2\text{-}2)$$

$$M_{wk} = \frac{p_{wk}H_1^2}{10}$$

$$(6.2.2\text{-}3)$$

$$p_{wk} = \omega_k l_m$$

$$(6.2.2\text{-}4)$$

2 立杆段风荷载作用弯矩设计值

$$M_w = 0.9 \times 1.4 M_{WX} = \frac{0.9 \times 1.4 \omega_k l_a h^2}{10}$$

$$(6.2.2\text{-}5)$$

3 立杆稳定性

$$\frac{N}{\varphi A} + \frac{M_w}{W} \leqslant f$$

$$(6.2.2\text{-}6)$$

式中: N ——立杆轴向力设计值(kN);

N_{G1K} ——脚手架立杆承受的结构自重标准值产生的轴向力(kN);

N_{G2K} ——构配件自重标准值产生的立杆轴向力(kN);

$\sum N_{QK}$ ——施工荷载标准值产生的轴向力总和(kN),内、外立杆各按一纵距内施工荷载总和的 1/2 取值；

M_{wk} ——门式脚手架风荷载产生的弯矩标准值；

H_l ——连墙件竖向间距；

b_m ——门架宽度；

p_{wk} ——风荷载的线荷载标准值；

ω_k ——风荷载标准值；

l_m ——门架跨距；

M_w ——风荷载产生的弯矩设计值；

l_a ——立杆纵距(m)；

h ——相邻水平杆竖向步距；

W ——截面模量(mm³)；

f ——钢材的抗压强度设计值(N/mm²)。

6.2.3 纵向、横向水平杆的抗弯强度应按下式计算：

$$\sigma = \frac{M}{W} \leqslant f \qquad (6.2.3)$$

式中：σ ——弯曲正应力；

M ——弯矩设计值(N·mm)；

W ——截面模量(mm³)；

f ——钢材的抗弯强度设计值(N/mm²)。

6.2.4 纵向、横向水平杆弯矩设计值应按下式计算：

$$M = 1.2M_{Gk} + 1.4\sum M_{Qk} \qquad (6.2.4)$$

式中：M_{Gk} ——脚手板自重产生的弯矩标准值(kN·m)；

M_{Qk} ——施工荷载产生的弯矩标准值(kN·m)。

6.2.5 纵向、横向水平杆的挠度应符合下式规定：

$$\upsilon \leqslant [\upsilon] \qquad (6.2.5)$$

式中：υ ——挠度(mm)；

$[\upsilon]$ ——容许挠度。

6.2.6 连墙件应按下列公式计算:

1 连墙件的轴向力设计值

$$N_l = N_{lw} + N_0 \qquad (6.2.6\text{-}1)$$

式中:N_l——连墙件轴向力设计值(kN);

N_{lw}——风荷载产生的连墙件轴向力设计值;

N_0——连墙件约束脚手架平面外变形所产生的轴向力,双排架及门式脚手架可取 3 kN。

其中,由风荷载产生的连墙件的轴向力设计值应按下式计算:

$$N_{lw} \leqslant 1.4 \cdot \omega_k \cdot L_1 \cdot H_1 \qquad (6.2.6\text{-}2)$$

式中:ω_k——风荷载标准值(kN/m^2);

L_1——连墙件水平间距(m);

H_1——连墙件竖向间距(m)。

2 连墙件的强度

$$\frac{N_l}{A_n} \leqslant 0.85f \qquad (6.2.6\text{-}3)$$

式中:A_n——连墙件的净截面面积(mm^2)。

3 连墙件的稳定性

$$\frac{N_l}{\varphi A} \leqslant 0.85f \qquad (6.2.6\text{-}4)$$

式中:φ——轴心受压构件的稳定系数;

A——连墙件的毛截面面积(mm^2)。

4 当采用钢管扣件做连墙件时,扣件抗滑承载力的验算应满足下式要求:

$$N_l \leqslant R_c \qquad (6.2.6\text{-}5)$$

式中:R_c——扣件抗滑承载力设计值(kN),一个直角扣件应取 8.0 kN。

5 螺栓、焊接连墙件与预埋件的设计承载力应按相应规范进行验算。

6.2.7 立杆底部地基承载力应满足下列公式的要求：

$$p_k \leqslant f_g \qquad (6.2.7\text{-}1)$$

$$p_k = \frac{N_k}{A_g} \qquad (6.2.7\text{-}2)$$

式中：p_k——相应于荷载效应标准组合时，立杆基础底面处的平均压力（kPa）；

f_g——地基承载力特征值（kPa），应按现行上海市工程建设规范《地基基础设计标准》DGJ 08—11 的规定确定；

N_k——立杆传至基础顶面的轴向力标准组合值（kN）；

A_g——可调底座底板对应的基础底面面积（m²）。

6.2.8 地基承载力特征值的取值应由静载试验、土的抗剪强度指标计算、原位测试或工程经验确定。

6.2.9 对搭设在楼面等建筑结构上的脚手架，应对支撑架体的建筑结构进行承载力验算；当不能满足承载力要求时，应采取加固措施。

6.2.10 固定脚手架受弯构件的挠度不应超过表 6.2.10 中规定的容许值。

表 6.2.10　受弯构件的容许挠度

构件类别	容许挠度 [v]
脚手架纵向、横向水平杆	$l/150$ 与 10 mm
脚手板	$l/150$ 与 10 mm
脚手架悬挑受弯杆件	$l/400$
型钢悬挑脚手架悬挑钢梁	$l/250$

注：l 为受弯构件的跨度，对悬挑杆件为其悬伸长度的 2 倍。

6.2.11 门式脚手架的架体稳定性计算，应选取最不利处的门架为计算单元。门架计算单元选取应同时符合下列规定：

    1   当门架的跨距和间距相同时，应计算底层门架。

    2   当门架的跨距和间距不相同时，应计算跨距或间距增大部位的底层门架。

    3   当架体上有集中荷载作用时，尚应计算集中荷载作用范围内受力最大的门架。

6.2.12   门式脚手架的稳定性应按下式计算：

$$N \leqslant N^d \qquad (6.2.12)$$

式中：N——门式脚手架作用于一榀门架的轴向力设计值，应按本标准第 6.2.1 条计算，并应取较大值；

       N^d——一榀门架的稳定承载力设计值，应按本标准第 6.2.13 条计算。

6.2.13   一榀门架的稳定承载力设计值应按下列公式计算：

$$N^d = \varphi \cdot A \cdot f \qquad (6.2.13\text{-}1)$$

$$i = \sqrt{\frac{I}{A_1}} \qquad (6.2.13\text{-}2)$$

对于 MF1219、MF1017 门架

$$I = I_0 + I_1 \frac{h_1}{h_0} \qquad (6.2.13\text{-}3)$$

对于 MF0817 门架

$$I = \left[A_1 \left(\frac{A_2 b_2}{A_1 + A_2} \right)^2 + A_2 \left(\frac{A_1 b_2}{A_1 + A_2} \right)^2 \right] \times \frac{0.5 h_1}{h_0}$$

$$(6.2.13\text{-}4)$$

式中：φ——门架立杆稳定系数；

     A——一榀门架立杆的毛截面面积；

     f——门架钢材的抗压强度设计值；

     i——门架立杆换算截面回转半径；

I——门架立杆换算截面惯性矩；

I_0，A_1——分别为门架立杆的毛截面惯性矩和毛截面面积（mm^4、mm^2）；

I_1，A_2——分别为门架立杆加强杆的毛截面惯性矩和毛截面面积（mm^4、mm^2）；

h_0——门架高度；

h_1——门架立杆加强杆高度；

b_2——门架立杆和立杆加强杆的中心距。

注：MF 表示门型架，前两位数字表示门架宽度，后两位表示门架高度，如 MF1219 表示门架宽度 1 200 mm，门架高度 1 900 mm。

6.2.14 悬挑式脚手架的纵向水平杆、横向水平杆、立杆、连墙件等构件应符合本标准中各类固定脚手架的规定。

6.2.15 悬挑式脚手架应根据型钢支承架的不同形式，按现行国家标准《钢结构设计标准》GB 50017 对其主要受力构件和连接件分别进行以下验算：

1 抗弯构件应验算抗弯强度、抗剪强度、挠度和稳定性。

2 抗压构件应验算抗压强度、局部承压强度和稳定性。

3 抗拉构件应验算抗拉强度。

4 当立杆纵距与型钢支承架纵向间距不相等时，应在型钢支承架间设置纵向钢梁，同时计算纵向钢梁的挠度和强度。

5 型钢支承架采用焊接或螺栓连接时，应计算焊缝或螺栓的连接强度。

6 预埋件的抗拉、抗压、抗剪强度。

7 型钢支承架对主体结构相关位置的承载能力验算。

6.2.16 悬挑式脚手架中传递到型钢支承架上的立杆轴向力设计值 N 应按下列公式计算：

1 不组合风荷载时

$$N = 1.35(N_{G1K} + N_{G2K}) + 1.4 \sum N_{QK} \quad (6.2.16-1)$$

2 组合风荷载时

$$N = 1.35(N_{G1K} + N_{G2K}) + 0.9 \times 1.4\left(\sum N_{QK} + N_w\right)$$

$$(6.2.16-2)$$

式中：N_{G1K}——脚手架结构自重标准值产生的轴向力；

$\quad\quad N_{G2K}$——构配件自重标准值产生的轴向力；

$\quad\quad \sum N_{QK}$——施工荷载标准值产生的轴向力总和，内、外立杆可

$\quad\quad\quad\quad$分别按一纵距(跨)内施工荷载总和的 1/2 取值；

$\quad\quad N_w$——风荷载标准值作用下产生的轴向力。

6.2.17 悬挑式脚手架的型钢支承架的抗弯强度应按下式计算：

$$\sigma = \frac{M_{max}}{W} \leqslant f \quad\quad (6.2.17)$$

式中：M_{max}——计算截面弯矩最大设计值；

$\quad\quad W$——截面模量，按实际采用型钢型号取值；

$\quad\quad f$——钢材的抗弯强度设计值。

6.2.18 悬挑式脚手架的型钢支承架抗剪强度应按下式计算：

$$\tau = \frac{V_{max}S}{It_w} \leqslant f_v \quad\quad (6.2.18)$$

式中：V_{max}——计算截面沿腹板平面作用的剪力最大值；

$\quad\quad S$——计算剪应力处毛截面面积矩；

$\quad\quad I$——毛截面惯性矩；

$\quad\quad t_w$——型钢腹板厚度；

$\quad\quad f_v$——钢材的抗剪强度设计值。

6.2.19 当悬挑式脚手架型钢支承架同时受到较大的正应力及剪应力时，应根据最大剪应力理论按下式进行折算应力验算：

$$\sqrt{\sigma^2 + 3\tau^2} \leqslant f \quad\quad (6.2.19-1)$$

式中:σ,τ——腹板计算高度边缘同一点上同时产生的正应力、剪应力,其中 τ 按照本标准第 6.2.18 条计算。

σ 应按下式计算:

$$\sigma = \frac{M}{I_n} y_1 \qquad (6.2.19\text{-}2)$$

式中:M ——梁所受弯矩值设计值;

I_n ——梁净截面惯性矩;

y_1 ——计算点至型钢中和轴的距离。

6.2.20 悬挑式脚手架的型钢支承架受压构件的稳定性应按下式计算:

$$\sigma = \frac{N}{\varphi A} \leqslant f \qquad (6.2.20)$$

式中:N ——计算截面轴向压力最大设计值;

φ ——稳定系数,按现行国家标准《钢结构设计标准》GB 50017 中第 7.2.1 条相关规定采用;

A ——计算截面面积。

6.3 支撑架设计

6.3.1 当水平杆承受外荷载时,应进行水平杆的抗弯强度验算、变形验算及水平杆端部节点的抗剪强度验算。

6.3.2 水平杆抗弯强度验算应按下式计算:

$$\sigma = \frac{M}{W} \leqslant f \qquad (6.3.2)$$

式中:M ——水平杆弯矩设计值(N·mm);

W ——杆件截面模量(mm³);

f ——钢材强度设计值(N/mm²)。

6.3.3 节点抗剪强度验算应符合下式要求：

$$R_s \leqslant V_R \qquad (6.3.3)$$

式中：R_s——水平杆剪力设计值(kN)；

V_R——节点抗剪承载力设计值，应按表6.3.3确定。

表6.3.3 节点抗剪承载力设计值 V_R

节点类型	V_R(kN)	
扣件节点	单扣件	8
	双扣件	12
碗扣节点	60	
承插节点	40	

6.3.4 水平杆变形验算应符合下式要求：

$$\upsilon \leqslant [\upsilon] \qquad (6.3.4)$$

式中：υ——挠度(mm)；

$[\upsilon]$——受弯构件容许挠度，为跨度的1/150和10 mm中的较小值。

6.3.5 水平杆的弯矩与挠度计算应符合下列规定：

1 对水平杆为连续的支撑结构，当连续跨数超过3跨时宜按3跨连续梁计算；当连续跨数小于3跨时，应按实际跨连续梁计算。对水平杆不连续的支撑结构，应按单跨简支梁计算。

2 当计算纵向水平杆时，跨度宜取立杆纵向间距(l_a)；当计算横向水平杆时，跨度宜取立杆横向间距(l_b)。

6.3.6 立杆稳定性计算公式应符合下列规定：

1 不组合风荷载时

$$\frac{N}{\varphi A} \leqslant f \qquad (6.3.6\text{-}1)$$

2 组合风荷载时

$$\frac{N}{\varphi A} + \frac{M}{W\left(1 - 1.1\varphi \dfrac{N}{N'_{\mathrm{E}}}\right)} \leqslant f \qquad (6.3.6\text{-}2)$$

式中:N——立杆轴力设计值(N),应按本标准第 6.3.7 条计算;

φ——轴心受压构件的稳定系数,应根据长细比 λ 按本标准附录 A 取值;

A——杆件截面积(mm^2);

f——钢材的抗压强度设计值($\mathrm{N/mm}^2$);

M——立杆弯矩设计值(N·mm),应按本标准第 6.3.10 条计算;

W——杆件截面模量(mm^3);

N'_{E}——立杆的欧拉临界力(N),$N'_{\mathrm{E}} = \dfrac{\pi^2 EA}{\lambda^2}$;

λ——计算长细比,$\lambda = l_0/i$;

l_0——立杆计算长度(mm),应按本标准第 6.3.11～第 6.3.13 条计算;

i——杆件截面回转半径(mm);

E——钢材弹性模量($\mathrm{N/mm}^2$)。

6.3.7 立杆轴力设计值(N)应按下列公式计算:

1 不组合风荷载时

$$N = \gamma_{\mathrm{G}} N_{\mathrm{GK}} + \gamma_{\mathrm{Q}} N_{\mathrm{QK}} \qquad (6.3.7\text{-}1)$$

2 组合风荷载时

$$N = \gamma_{\mathrm{G}} N_{\mathrm{GK}} + \psi_{\mathrm{Q}} \gamma_{\mathrm{Q}} (N_{\mathrm{QK}} + N_{\mathrm{WK}}) \qquad (6.3.7\text{-}2)$$

式中:γ_{G}——永久荷载分项系数;

N_{GK}——永久荷载引起的立杆轴力标准值(N);

γ_{Q}——可变荷载分项系数;

N_{QK}——施工荷载引起的立杆轴力标准值(N);

ψ_Q ——可变荷载组合值系数,取 0.9;

N_{WK} ——风荷载引起的立杆轴力标准值(N)。

6.3.8 风荷载作用于支撑结构,引起的立杆轴力标准值应按下列公式计算:

1 无剪刀撑支撑结构

$$N_{WK} = \frac{p_{wk}H^2}{2B} \qquad (6.3.8-1)$$

2 有剪刀撑支撑结构

$$N_{WK} = \frac{n_{wa}p_{wk}H^2}{2B} \qquad (6.3.8-2)$$

式中:p_{wk} ——风荷载的线荷载标准值(N/mm²),$p_{wk} = \omega_k l_a$;

H ——支撑结构高度(mm);

B ——支撑结构横向宽度(mm);

n_{wa} ——单元框架的纵向跨数;

ω_k ——H 高度处风荷载标准值(N/mm)。

6.3.9 立杆弯矩设计值应按下列公式计算:

$$M = \gamma_Q M_{WK} \qquad (6.3.9-1)$$

无剪刀撑支撑结构

$$M_{WK} = M_{LK} + M_{TK} \qquad (6.3.9-2)$$

其中

$$M_{LK} = \frac{p_{wk}h^2}{10} \qquad (6.3.9-3)$$

$$M_{TK} = \frac{p_{wk}hH}{2(n_b + 1)} \qquad (6.3.9-4)$$

式中:γ_Q ——可变荷载分项系数;

M_{WK} ——风荷载引起的立杆弯矩标准值(N·mm);

M_{LK}——风荷载直接作用于立杆引起的立杆局部弯矩标准值（N·mm）；

M_{TK}——风荷载作用于无剪刀撑支撑结构引起的立杆弯矩标准值（N·mm）；

h——立杆步距（mm）；

n_b——支撑结构立杆横向跨数。

6.3.10 当支撑结构通过连墙件与既有结构做可靠连接时，可不考虑风荷载作用于支撑结构引起的立杆轴力和弯矩。

6.3.11 无剪刀撑支撑结构的立杆稳定性验算时，立杆计算长度应按下列公式计算，并应取其中的较大值：

$$l_0 = \mu h \qquad (6.3.11-1)$$

$$l_0 = h' + 2k_x a \qquad (6.3.11-2)$$

式中：μ——立杆计算长度系数；

h'——支架顶层水平杆步距，宜比最大步距较少一个轮（盘）扣的距离；

a——可调托座支撑点至顶层水平杆中心线的距离；

k_x——悬臂端计算长度折减系数，可取 0.7。

6.3.12 有剪刀撑支撑结构中的单元框架稳定性验算时，立杆计算长度应按下列公式计算：

$$l_0 = \beta_H \beta_a \mu h \qquad (6.3.12-1)$$

$$l_0 = h' + 2ka \qquad (6.3.12-1)$$

式中：β_H——高度修正系数，应按表 6.3.12 取值；

β_a——扫地杆高度与悬臂长度修正系数，应按行业标准《建筑施工临时支撑结构技术规范》JGJ 300—2013 附录 B 中表 B-5 或表 B-6 取值。

表 6.3.12　单元框架计算长度的高度修正系数 β_H

H	5	10	20	30	40
β_H	1.00	1.11	1.16	1.19	1.22

6.3.13　满堂支撑架立杆的计算长度应按下式计算,取整体稳定计算结果最不利值:

顶部立杆段

$$l_0 = k\mu_1(h' + 2a) \qquad (6.3.13-1)$$

非顶部立杆段

$$l_0 = k\mu_2 h' \qquad (6.3.13-2)$$

式中:k ——支撑架立杆计算长度附加系数,应按表 6.3.13 采用。

h' ——步距。

a ——立杆伸出顶层水平杆中心线至支撑点的长度;应不大于 0.5 m,当 0.2 m$<a<$0.5 m 时,承载力可按线性插入值取值。

μ_1、μ_2 ——考虑满堂支撑架整体稳定因素的单杆计算长度系数,可参照行业标准《建筑施工扣件式钢管脚手架安全技术规范》JGJ 130—2011 附录 C 中表 C-2、表 C-4 采用;加强型构造应按 JGJ 130—2011 附录 C 中表 C-3、表 C-5 采用。

表 6.3.13　支撑架立杆计算长度附加系数

高度 H(m)	$H \leqslant 8$	$8 < H \leqslant 10$	$10 < H \leqslant 20$	$20 < H \leqslant 30$
k	1.155	1.185	1.217	1.291

注:当验算立杆允许长细比时,取 $k = 1$。

6.3.14　有剪刀撑支撑结构在进行局部稳定性验算时,立杆计算长度应按下式计算:

$$l_0 = (1 + 2\alpha)h \qquad (6.3.14)$$

式中：α——为 α_1、α_2 中的较大值；

α_1——扫地杆高度 h_1 与步距 h 之比；

α_2——悬臂长度 h_2 与步距 h 之比。

6.3.15 有剪刀撑支撑结构，当单元框架进行加密时，加密区立杆的稳定系数应按下列公式计算：

1 立杆步距不加密时

$$\varphi' = 0.8\varphi \qquad (6.3.15-1)$$

2 立杆步距加密时

$$\varphi' = 1.2\varphi \qquad (6.3.15-2)$$

式中：φ'——加密区立杆的稳定系数；

φ——未加密时立杆的稳定系数。

6.3.16 当钢管支架高宽比不小于 3 时，应进行支架整体的抗倾覆验算。

6.3.17 支架整体抗倾覆应按混凝土浇筑前和混凝土浇筑时两种工况进行验算，抗倾覆验算应满足下式要求：

$$\gamma_0 M_0 \leqslant M_r \qquad (6.3.17)$$

式中：γ_0——结构重要性系数，应按表 6.3.17 取值；

M_0——支架的倾覆力矩设计值（N·mm）；

M_r——支架的抗倾覆力矩设计值（N·mm）。

表 6.3.17　钢管支架结构重要性系数

支架结构重要性系数	承载能力极限状态设计		正常使用极限状态设计
	安全等级		
	I	II	
γ_0	1.1	1.0	1.0

6.3.18 支撑结构立杆基础底面的平均压力应符合下式要求：

$$p \leqslant f_g \qquad (6.3.18)$$

式中: p ——立杆基础底面的平均压力设计值（N/mm²）, $p =$ N/A_g;

  N ——支撑结构传至立杆基础底面的轴力设计值（N）;

  A_g ——立杆基础底面积（mm²）;

  f_g ——地基承载力设计值（N/mm²）。

6.3.19 支撑结构地基承载力应符合下列规定:

1 支承于地基土上时,地基承载力设计值应按下式计算:

$$f_g = k_c f_{ak} \tag{6.3.19}$$

式中: k_c ——支撑结构的地基承载力调整系数,按表 6.3.19 确定;

  f_{ak} ——地基承载力特征值。岩石、碎石土、砂土、粉土、黏性土及回填土地基的承载力特征值,应按现行上海市工程建设规范《地基基础设计标准》DGJ 08—11 的规定确定。

表 6.3.19 地基承载力调整系数 k_c

地基类别	岩石、混凝土	黏性土、粉土	碎石土、砂土、回填土
k_c	1.0	0.5	0.4

2 当支承于结构构件上时,应按现行国家标准《混凝土结构设计规范》GB 50010 或《钢结构设计标准》GB 50017 的有关规定对结构构件承载能力和变形进行验算。

6.3.20 立杆基础底面积的计算应符合下列规定:

1 当立杆下设底座时,立杆基础底面积取底座面积。

2 当在夯实整平的原状土或回填土上立杆,其下铺设厚度为 50 mm~60 mm、宽度不小于 200 mm 的木垫板或木脚手板时,立杆基础底面积可按下式计算:

$$A_g = ab \tag{6.3.20}$$

式中: A_g ——立杆基础底面积（mm²）,不宜超过 0.3 mm²;

　　　　a_1——木垫板或木脚手板宽度（mm）；

　　　　b——沿木垫板或木脚手板铺设方向的相邻立杆间距（mm）。

6.3.21　落地式卸料平台的设计计算应符合下列规定：

　　1　计算前首先应进行架体参数的选取，确定卸料平台的长度、平台高度、立杆纵距、立杆步距、立杆横距以及板底支撑间距。

　　2　荷载取值应包括钢管自重、脚手板自重、栏杆、挡脚板自重，安全设施与安全网自重。

　　3　板底支撑（纵向）钢管验算应进行强度验算及挠度验算。强度验算时，板底支撑钢管按均布荷载作用下的三跨连续梁计算。

　　4　横向支撑钢管验算可按照均布荷载和集中荷载下三等跨连续梁计算，集中荷载可取板底支撑钢管传递的最大支座力。

7 构造要求

7.1 一般规定

7.1.1 脚手架地基与基础的施工应符合下列规定：

1 脚手架地基与基础的施工，应根据脚手架所受荷载、搭设高度、搭设场地土质情况与现行国家标准《建筑地基基础工程施工质量验收规范》GB 50202 的有关规定进行。

2 压实填土地基应符合现行国家标准《建筑地基基础设计规范》GB 50007 的相关规定；灰土地基应符合现行国家标准《建筑地基基础工程施工质量验收规范》GB 50202 的相关规定。

3 搭设场地应坚实、平整，地面应硬化，应有排水措施，防止产生不均匀沉降。地基承载力应满足受力要求。

4 在地基上应设置具有足够强度和支撑面积的垫板；混凝土结构上应设置可调底座或垫板。

5 底部基础应做好排水措施，并应按基础承载力要求进行验收。

6 脚手架基础经验收合格后，应按施工组织设计或专项方案的要求放线定位。

7 土层地基上的立杆应采用可调底座及垫板，垫板的长度不宜少于 2 跨。

7.1.2 脚手架的构造和组架工艺应能满足施工需求，并应保证架体牢固、稳定。

7.1.3 脚手架杆件连接节点应满足其强度和转动刚度要求，应确保架体在使用期内安全、节点无松动。

7.1.4 脚手架的竖向和水平剪刀撑应根据其种类、荷载、结构和构造设置,剪刀撑斜杆应与相邻立杆连接牢固;可采用斜撑杆、交叉拉杆代替剪刀撑。

7.1.5 可调托座托板至立杆顶部水平杆的距离不应大于650 mm,且丝杆外露长度不应大于400 mm,插入立杆长度不应小于150 mm。宜在插入深度150 mm处设置刻度线。最底部一道水平杆至地面距离不应大于550 mm(图7.1.5)。

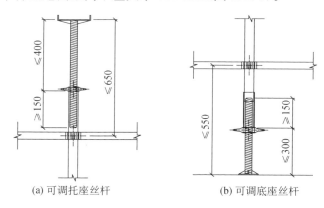

(a) 可调托座丝杆　　　　　　(b) 可调底座丝杆

图 7.1.5　丝杆外露尺寸

7.1.6 脚手架安全防护网的设置应符合现行国家标准《安全网》GB 5725 的相关规定。

7.1.7 当双排脚手架拐角为直角时,宜采用横杆直接组架[图7.1.7(a)];当双排脚手架拐角为非直角时,可采用钢管扣件组架[图7.1.7(b)]。

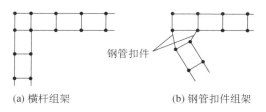

钢管扣件

(a) 横杆组架　　　　　　(b) 钢管扣件组架

图 7.1.7　拐角组架

7.1.8 固定脚手架的作业层上应满铺脚手板,并应采取可靠的连接方式与水平杆固定。当作业层边缘与建筑物间隙大于 150 mm 时,应采取防护措施。作业层外侧应设置栏杆和挡脚板。在建筑物的转角处,脚手架内、外两侧立杆上应按步设置水平连接杆、斜撑杆,并应增设连墙件,连墙件的垂直间距不应大于建筑物层高。

7.1.9 脚手板应铺设牢靠、严实,并应用安全网双层兜底。施工层以下每隔 10 m 应用安全网封闭。

7.1.10 支撑架的立杆间距和步距应按设计计算确定,且间距不宜大于 1.5 m,步距不应大于 2.0 m;当支撑结构高宽比大于 3 且四周无可靠连接时,宜在支撑结构上采取防止倾覆的措施。

7.1.11 支撑架水平剪刀撑应在水平面上水平杆形成 45°～60° 夹角,垂直剪刀撑应与地面形成 45°～60°夹角。剪刀撑应与立杆用旋转扣件相连接;不能与立杆连接时,应在靠近立杆节点处与水平杆连接。剪刀撑设置还应符合下列规定:

1 单榀水平、垂直剪刀撑宽度不应大于 6 m。

2 同一平面应满设水平、垂直剪刀撑。

3 水平剪刀撑应延伸至排架最外侧立杆。

4 垂直剪刀撑水平间距不应大于 6 m。

5 垂直剪刀撑底部应延伸至支撑基础面,顶部应延伸至支架最顶层水平杆。

7.1.12 对于装配式结构的叠合板区域,安装叠合板下支撑架时应从构件端部开始向中间进行,第一道支撑距构件端部不应大于 600 mm,中间支撑间距不应大于 2 000 mm,支撑立杆下部应设置实木垫板;在支撑的上部应顶托上木龙骨,龙骨顶标高应为叠合板下标高。

7.2 扣件式钢管脚手架构造

7.2.1 双排脚手架搭设高度不宜超过 50 m,高度超过 50 m 的双排脚手架,应采用分段搭设等措施,并进行专项设计。

7.2.2 立杆的构造应符合下列规定:

1 每根立杆底部宜设置底座或垫板。

2 单双排脚手架底层步距均不应大于 2 000 mm。

3 脚手架必须设置纵、横向扫地杆。纵向扫地杆应采用直角扣件固定在距钢管底端不大于 200 mm 处的立杆上。横向扫地杆应采用直角扣件固定在紧靠纵向扫地杆下方的立杆上。

4 脚手架立杆基础不在同一高度上时,必须将高处的纵向扫地杆向低处延长 2 跨与立杆固定,高低差不应大于 1 000 mm。靠边坡上方的立杆轴线到边坡的距离不应小于 500 mm(图 7.2.2)。

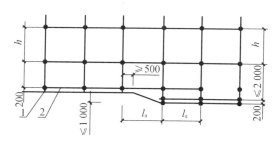

1—横向水平杆;2—纵向水平杆

图 7.2.2 纵、横向扫地杆构造

7.2.3 纵向水平杆的构造应符合下列规定:

1 纵向水平杆应设置在立杆内侧,单根杆长度不应小于 3 跨。

2 纵向水平杆接长应采用对接扣件连接或搭接,并应符合下列规定:

1)两根相邻纵向水平杆的接头不应设置在同步或同跨内;不同步或不同跨两个相邻接头在水平方向错开的距离不应小于 500 mm;各接头中心至最近主节点的距离不应大于纵距的 1/3(图 7.2.3)。

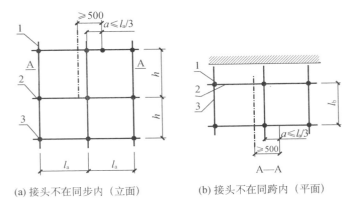

(a) 接头不在同步内（立面）   (b) 接头不在同跨内（平面）

1—立杆；2—纵向水平杆；3—横向水平杆

图 7.2.3 纵向水平杆对接头布置

> 2）搭接长度不应小于 1 000 mm，应等间距设置 3 个旋转
> 扣件固定；端部扣件盖板边缘至搭接纵向水平杆杆端的
> 距离不应小于 100 mm。

7.2.4 横向水平杆的构造应符合下列规定：

1 作业层上非主节点处的横向水平杆，宜根据支承脚手板
的需要等间距设置，最大间距不应大于纵距的 1/2。

2 当使用冲压钢脚手板时，双排脚手架的横向水平杆两端
均应采用直角扣件固定在纵向水平杆上；单排脚手架的横向水平
杆的一端应用直角扣件固定在纵向水平杆上，另一端应插入墙
内，插入长度不应小于 180 mm。

3 双排脚手架的横向水平杆的两端，应用直角扣件固定在
立杆上；单排脚手架的横向水平杆的一端，应用直角扣件固定在
立杆上，另一端插入墙内，插入长度不应小于 180 mm。

4 主节点处必须设置一根横向水平杆，用直角扣件扣接且
严禁拆除。

7.2.5 脚手架连墙件数量的设置除应满足国家现行标准的计算

要求外,还应符合表7.2.5的规定。

表7.2.5 连墙件布置最大间距

搭设方法	搭设位置高度	竖向间距(h)	水平间距(l_a)	每根连墙件覆盖面积
双排落地	≤50 m	3h	3l_a	≤40 m²
双排悬挑	>50 m	2h	3l_a	≤27 m²

注:h—步距;l_a—纵距。

7.2.6 连墙件除应满足本节的构造要求外,还应符合下列规定:

1 连墙杆应呈水平设置,当不能水平设置时,应向脚手架一段下斜连接。

2 连墙件必须采用可承受拉力和压力的构造。对高度24 m以上的双排脚手架,应采用刚性连墙件与建筑物连接。

3 架高超过40 m且有风涡流作用时,应采取抗上升翻流作用的连墙措施。

7.2.7 脚手架剪刀撑的设置应符合下列规定:

1 每道剪刀撑跨越立杆的根数应按表7.2.7的规定确定。每道剪刀撑宽度不应小于4跨,且不应小于6 m,斜杆与地面的倾角应在45°～60°之间。

表7.2.7 剪刀撑跨越立杆的最多根数

剪刀撑斜杆与地面的倾角 α	45°	50°	60°
剪刀撑跨越立杆的最多根数 n	7	6	5

2 剪刀撑斜杆的接长应采用搭接或对接;采用搭接接长时,搭接长度不应小于1 m,并应采用不少于2个旋转扣件固定。

3 剪刀撑斜杆应用旋转扣件固定在与之相交的横向水平杆的伸出端或立杆上,旋转扣件中心线至主节点的距离不应大于150 mm。

7.2.8 高度在24 m及以上的双排脚手架,应在外侧全立面连续设置剪刀撑;高度在 24 m 以下的单双排脚手架,均必须在外侧两端、转角及中间间隔不超过 15 m 的立面上,各设置 1 道剪刀撑,并应由底至顶连续设置(图 7.2.8)。

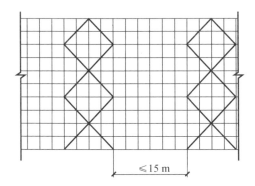

图 7.2.8　高度 24 m 以下剪刀撑布置

7.2.9　双排脚手架门洞宜采用上升斜杆、平行弦杆桁架结构形式(图 7.2.9),斜杆与地面的倾角应在 45°~60°之间。门洞桁架的形式宜按下列要求确定:

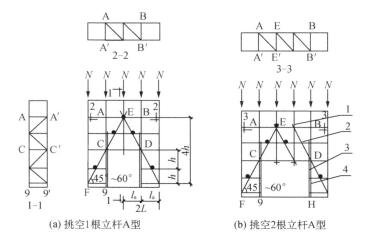

(a)挑空1根立杆A型　　　　(b)挑空2根立杆A型

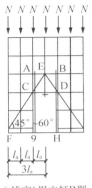 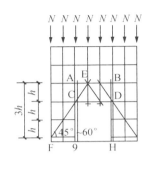

(c) 挑空1根立杆B型　　　　　　(d) 挑空2根立杆B型

1—防滑扣件；2—增设的横向水平杆；3—副立杆；4—主立杆

图 7.2.9　门洞处上升斜杆、平行弦杆桁架

1　当步距(h)小于纵距(l_a)时，应采用 A 型。

2　当步距(h)大于纵距(l_a)时，应采用 B 型，并应符合下列规定：

　　1）$h = 1.8$ m 时，纵距不应大于 1.5 m；

　　2）$h = 2.0$ m 时，纵距不应大于 1.2 m。

7.2.10　双排脚手架门洞桁架的构造应符合下列规定：

1　双排脚手架门洞处的空间桁架，除下弦平面外，应在其余 5 个平面内的图示节间设置 1 根斜腹杆（图 7.2.9 中 1-1、2-2、3-3 剖面）。

2　斜腹杆采用旋转扣件固定在与之相交的横向水平杆的伸出端上，旋转扣件中心线至主节点的距离不宜大于 150 mm。当斜腹杆在 1 跨内跨越 2 个步距（图 7.2.9 中 A 型）时，宜在相交的纵向水平杆处增设 1 根横向水平杆，将斜腹杆固定在其伸出端上。

3　斜腹杆宜采用通长杆件；当必须接长使用时，宜采用对接扣件连接，也可采用搭接。

7.2.11 门洞桁架下的两侧立杆应为双管立杆,副立杆高度应高于门洞口 1 步~2 步。

7.2.12 门洞桁架中伸出上下弦杆端头,均应增设 1 个防滑扣件(图 7.2.9),该扣件宜紧靠主节点处的扣件。

7.2.13 人行并兼作材料运输的斜道的形式宜按下列要求确定:

1 高度不大于 6 m 的脚手架,宜采用一字形斜道。

2 高度大于 6 m 的脚手架,宜采用之字形斜道。

7.2.14 斜道的构造应符合下列规定:

1 斜道应附着外脚手架或建筑物设置。

2 运料斜道宽度不应小于 1.5 m,坡度不应大于 1∶6;人行斜道宽度不应小于 1 m,坡度不应大于 1∶3。

3 拐弯处应设置平台,其宽度不应小于斜道宽度。

4 斜道两侧及平台外围均应设置栏杆及挡脚板;栏杆高度应为 1.2 m,挡脚板高度不应小于 0.18 m。

5 运料斜道两端、平台外围和端部均应按本标准第 7.2.5 条和第 7.2.6 条设置连墙件;每 2 步应加设水平斜杆;应按本标准第 7.2.7 条和第 7.2.8 条设置剪刀撑和横向斜撑。

7.3 盘扣式钢管脚手架构造

7.3.1 用承插型盘扣式钢管支架搭设双排脚手架时,搭设高度不宜大于 24 m。可根据使用要求选择架体几何尺寸,相邻水平杆步距宜选用 2 m,立杆纵距宜选用 1.5 m 或 1.8 m,且不宜大于 2.1 m,立杆横距宜选用 0.9 m 或 1.2 m。

7.3.2 双排脚手架的斜杆或剪刀撑设置应沿架体外侧纵向每 5 跨每层设置 1 根竖向斜杆(图 7.3.2-1)或每 5 跨间设置扣件钢管剪刀撑(图 7.3.2-2),端跨的横向每层应设置竖向斜杆。

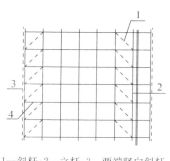 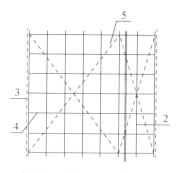

1—斜杆；2—立杆；3—两端竖向斜杆；　　1—斜杆；2—立杆；3—两端竖向斜杆；
4—水平杆；　　　　　　　　　　　4—水平杆；5—扣件钢管剪刀撑

图 7.3.2-1　每 5 跨每层设竖向斜杆　图 7.3.2-2　每 5 跨设扣件钢管剪刀撑

7.3.3 承插型盘扣式钢管支架应由塔式单元扩大组合而成,拐角为直角的部位应设置立杆间的竖向斜杆。当作为外脚手架使用时,单跨立杆间可不设置斜杆。

7.3.4 对双排脚手架的每步水平杆层,当无挂扣钢脚手架板加强水平层刚度时,应每 5 跨设置水平斜杆(图 7.3.4)。

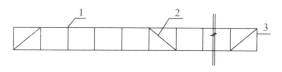

1—立杆；2—水平斜杆；3—水平杆

图 7.3.4　双排脚手架水平斜杆设置

7.3.5 连墙件的设置应符合下列规定:

1 连墙件必须采用可承受拉压荷载的刚性杆件,连墙件与脚手架里面及墙体应保持垂直,同一层连墙件宜在同一平面,水平间距不应大于 3 跨,与主体结构外侧面距离不宜大于 300 mm。

2 连墙件应设置在有水平杆的盘扣节点旁,连接点至盘扣节点距离不应大于 300 mm;采用钢管扣件作连墙杆时,连墙杆应采用直角扣件与立杆连接。

3 当脚手架下部暂不能搭设连墙件时,宜外扩搭设多排脚手架并设置斜杆形成外侧斜面状附加梯形架,待上部连墙件搭设后方可拆除附加梯形架。

7.3.6 作业层设置应符合下列规定:

1 钢脚手板的挂钩必须完全扣在水平杆上,挂钩必须处于锁住状态,作业层脚手板应满铺。

2 作业层的脚手板架体外侧应设挡脚板、防护栏杆,并应在脚手架外侧里面满挂密目安全网;防护上栏杆宜设置在离作业层高度为 1 000 mm 处,防护中栏杆宜设置在离作业层高度为 500 mm 处。

3 当脚手架作业层与主体结构外侧面间距较大时,应设置挂扣在连接盘上的悬挑三脚架,并应铺放能形成脚手架内侧封闭的脚手板。

7.3.7 挂扣式钢梯宜设置在尺寸不小于 0.9 m×1.8 m 的脚手架框架内,钢梯宽度应为廊道宽度的 1/2,钢梯可在一个框架高度内折线上升;钢架拐弯处应设置脚手板及扶手杆。

7.3.8 模板支架应根据施工方案计算得出的立杆排架尺寸选用定长的水平杆,并应根据支撑高度组合套插的立杆段、可调托座和可调底座。

7.3.9 对长条状的独立高支模架,架体总高度与架体的宽度之比不宜大于 3。

7.3.10 高大模板支架最顶层的水平杆步距应比标准步距缩小 1 个盘扣间距。

7.3.11 当单肢立杆荷载设计值不大于 40 kN 时,底层的水平杆步距可按标准步距设置,且应设置竖向斜杆;当单肢立杆荷载设计值大于 40 kN 时,底层的水平杆应比标准步距缩小 1 个盘扣间距,且应设置竖向斜杆。

7.3.12 模板支架宜与周围已建成的结构进行可靠连接。

7.3.13 当模板支架体内设置与单股水平杆同宽的人行通道时,可间隔抽除第一层水平杆和斜杆形成施工人员进出通道,与通道正交的两侧立杆间应设置竖向斜杆;当模板支架体内设置与单肢水平杆不同宽的人行通道时,应在通道上部架设支撑横梁(图7.3.13),横梁应按跨度和荷载确定。通道两侧支撑梁的立杆间距应根据计算设置,通道周围的模板支架应连成整体。洞口顶部应铺设封闭的防护板,两侧应设置安全网。通行机动车的洞口,必须设置安全警示和防撞设施。

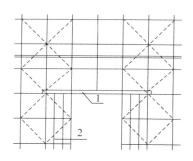

1—支撑横梁;2—立杆加密

图 7.3.13 模板支架人行道设置

7.4 碗扣式钢管脚手架构造

7.4.1 双排脚手架应按本节要求搭设,当连墙件按 2 步 3 跨设置,二层装修作业层、二层脚手板、外挂密目安全网封闭,其允许搭设高度宜符合表 7.4.1 的规定。

表 7.4.1 双排落地脚手架允许搭设高度

步距(m)	横距(m)	纵距(m)	允许搭设高度(m)
1.8	0.9	1.2	68
		1.5	51
	1.2	1.2	59
		1.5	41

7.4.2 当曲线布置的双排脚手架组架时,应按曲率要求使用不同长度的内外横杆组架,曲率半径应大于 2.4 m。

7.4.3 双排脚手架首层立杆应采用不同长度交错布置,底层纵、横向横杆作为扫地杆,距地面高度应小于或等于 350 mm,严禁施工中拆除扫地杆,立杆应配置可调底座或固定底座。

7.4.4 双排脚手架专用外斜杆设置(图 7.4.4)应符合下列规定:

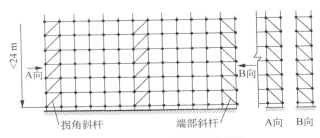

图 7.4.4 专用外斜杆设置示意

1 斜杆应设置在有纵、横向横杆的碗口节点上。

2 在封圈的脚手架拐角处及一字形脚手架端部应设置竖向通高斜杆。

3 当脚手架高度不大于 24 m 时,每隔 5 跨应设置 1 组竖向通高斜杆;当脚手架高度大于 24 m 时,每隔 3 跨应设置 1 组竖向通高斜杆;斜杆应对称设置。

4 当斜杆临时拆除时,拆除前应在相邻立杆间设置相同数量的斜杆。

7.4.5 当采用钢管扣件作斜杆时,应符合本标准第 7.2 节的有关规定。

7.4.6 连墙件的设置应符合下列规定:

1 连墙件应呈水平设置,当不能呈水平设置时,与脚手架连接的一端应下斜连接。

2 每层连墙件应在同一平面,其位置应由建筑结构和风荷载计算确定,且水平间距不应大于 4.5 m。

3 连墙件应设置在有横向横杆的碗扣节点处,当采用钢管扣件做连墙件时,连墙件应与立杆连接,连接点距碗口节点距离不应大于 150 mm。

4 连墙件应采用可承受拉、压荷载的刚性结构,连接应牢固可靠。

7.4.7 当脚手架高度大于 24 m 时,顶部 24 m 以下所有的连墙件层必须设置水平斜杆,水平斜杆应设置在纵向横杆之下(图 7.4.7)。

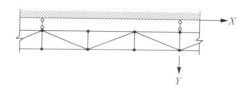

图 7.4.7 水平斜杆设置

7.4.8 脚手板设置应符合下列规定:

1 工具式钢脚手板必须有挂钩,并带有自锁装置与廊道横紧锁,严禁浮放。

2 冲压钢脚手板,两端应与横杆绑牢,作业层相邻两根廊道横杆间应加设间横杆,脚手板探头长度不应大于 150 mm。

7.4.9 人行通道坡度不宜大于 1∶3,并应在通道脚手板下增设横杆,通道可折线上升(图 7.4.9)。

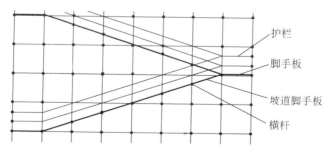

图 7.4.9 人行通道设置

7.4.10 模板支撑架高宽比不宜大于2;当高宽比大于2时,可采取扩大下部架体尺寸或采取其他构造措施。

7.4.11 当双排脚手架设置门洞时,应在门洞上架设专用梁,门洞两侧立杆应加设斜杆(图7.4.11)。

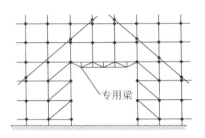

图7.4.11 双排外脚手架门洞设置

7.4.12 模板支撑架设置人行通道时(图7.4.12),应符合下列规定:

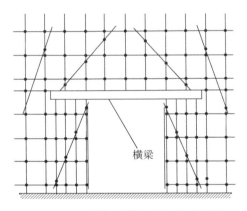

图7.4.12 模板支撑架人行通道设置

    1 通道上部应架设专用横梁,横梁结构应经过设计计算确定。

    2 根据通道宽度,横梁下的立杆应加密或设置型钢立柱,并应与架体连接牢固。

3 通道宽度不应大于 4.8 m。

4 门洞及通道顶部必须采用木板或其他硬质材料全封闭，两侧应设置安全网。

5 通行机动车的洞口，必须设置防撞击设施。

7.5 门式钢管脚手架构造

7.5.1 门式钢管脚手架门架的设置应符合下列规定：

1 门架应能配套使用，在不同组合情况下，均应保证连接方便、可靠，且应具有良好的互换性。

2 不同型号的门架与配件严禁混合使用。

3 上下榀门架立杆应在同一轴线上，门架立杆轴线的对接偏差不应大于 2 mm。

4 门式钢管脚手架的内侧立杆离墙面净距不宜大于 150 mm；当大于 150 mm 时，应采取内设挑架板或其他隔离防护的安全措施。

5 门式钢管脚手架顶端栏杆宜高出女儿墙上端或檐口上端 1.5 m。

7.5.2 门式钢管脚手架的配件构造应符合下列规定：

1 配件应与门架配套，并应与门架连接可靠。

2 门架的两侧应设置交叉支撑，并应与门架立杆上的锁销锁牢。

3 上下榀门架的组装必须设置连接棒，连接棒与门架立杆配合间隙不应大于 2 mm。

4 门式钢管脚手架作业层应连续铺满与门架配套的挂扣式脚手板，并应有防止脚手板松动或脱落的措施。当脚手板上有空洞时，孔洞的内切圆直径不应大于 25 mm。

7.5.3 门式钢管脚手架剪刀撑的设置应符合下列规定：

1 当门式钢管脚手架搭设高度在 24 m 及以下时，在脚手架的转角处、两端及中间间隔不超过 15 m 的外侧里面必须各设置 1 道剪刀撑,并应由底至顶连续设置。

2 当脚手架搭设高度超过 24 m 时,在脚手架全外侧里面上必须设置连续剪刀撑。

7.5.4 扣件式剪刀撑的构造应符合本标准第 7.2 节的有关规定。

7.5.5 门式钢管脚手架应在门架两侧的立杆上设置纵向水平加固杆,并应采用扣件与门架立杆扣紧。水平加固杆设置应符合下列规定:

1 在顶层、连墙件设置层必须设置水平加固杆。

2 当脚手架每步铺设挂扣式脚手板时,应至少每 4 步设置 1 道水平加固杆,并宜在有连墙件的水平层设置。

3 当脚手架搭设高度不大于 40 m 时,应至少每 2 步门架设置 1 道水平加固杆;当脚手架搭设高度大于 40 m 时,每步门架应设置 1 道水平加固杆。

4 在脚手架的转角处、开口型脚手架端部的两个跨距内,每步门架应设置 1 道水平加固杆。

5 悬挑式脚手架每步门架应设置 1 道水平加固杆。

6 在纵向水平加固杆设置层面上应连续设置水平加固杆。

7.5.6 在建筑物的转角处,门式钢管脚手架内、外两侧立杆上应按步设置水平连接杆、斜撑杆,将转角处的两榀门架连成一体(图 7.5.6)。

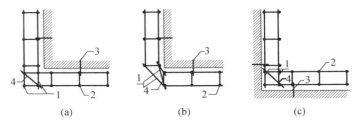

1—连接杆;2—门架;3—连墙件;4—斜撑杆

图 7.5.6 转角处脚手架连接

7.5.7 门式钢管脚手架连墙件的设置应符合下列规定：

1 连墙件设置的位置、数量应按专项施工方案确定，并应于确定的位置设置预埋件。

2 在门式钢管脚手架的转角处或开口型脚手架端部，必须增设连墙件，连墙件的垂直间距不应大于建筑物的层高，且不应大于4.0 m。

3 连墙件应靠近门架的横杆设置，并应固定在门架的立杆上。

4 连墙件宜水平设置，当不能水平设置时，与脚手架连接的一端，应低于与建筑结构连接的一端，连墙杆的坡度宜小于1:3。

7.5.8 门式钢管脚手架连墙件的设置应满足表7.5.8的要求。

表 7.5.8 连墙件最大间距或最大覆盖面积

序号	脚手架搭设方式	脚手架高度 (m)	连墙件间距(m)		每根连墙件覆盖面积(m²)
			竖向	水平	
1	落地、密目式安全网全封闭	≤40	$3h$	$3l$	≤40
2			$3h$	$3l$	≤27
3		>40			
4	悬挑、密目式安全网全封闭	≤40	$3h$	$3l$	≤40
5		40～60	$3h$	$3l$	≤27
6		>60	$2h$	$2l$	≤20

注：1 序号4～6为架体位于地面上高度。

2 按每根连墙件覆盖面积选择连墙件设置时，连墙件的竖向间距不应大于6 m。

3 表中 h 为步距；l 为跨距。

7.5.9 门式钢管脚手架通道口应采取加固措施，并应符合下列规定：

1 当通道口宽度为1个门架跨距时，在通道口上方的内外侧应设置水平加固，水平加固杆应延伸至通道口两侧各1个门架跨距，并在两个上角内外侧加设斜撑杆[图7.5.9(a)]。

2 当通道口宽度为2个及以上跨距时，在通道口上方应设置经专门设计和制作的托架梁，并应加强两侧的门架立杆[图7.5.9(b)]。

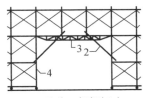

(a) 通道口宽度为
1个门架跨距

(b) 通道口宽度为2个
及以上门架跨距

1—水平加固杆；2—斜撑杆；3—托架梁；4—加强杆

图 7.5.9 通道口加固

7.5.10 门式钢管脚手架斜梯构造设置应符合下列规定：

1 作业人员上下脚手架的斜梯应采用挂扣式钢梯，并宜采用之字形设置，一个梯段宜跨越 2 步或 3 步门架再行转折。

2 钢梯规格应与门架规格配套，并应与门架挂扣牢固。

3 钢梯应设栏杆扶手、挡脚板。

7.6 轮扣式钢管脚手架构造

7.6.1 双排脚手架搭设高度不应大于 24 m；当超过 24 m 时，应进行专项设计。

7.6.2 脚手架首层立杆应采用不同长度的立杆交错布置，并应符合下列规定：

1 每根立杆底部宜设置可调底座或垫板。

2 立杆应采用连接套管连接，在同一水平高度内相邻立杆连接位置宜错开，错开高度不宜小于 600 m。

3 当立杆基础不在同一高度上时，应综合考虑配架组合或采用扣件式钢管杆件连接搭设。

7.6.3 脚手架的剪刀撑设置应符合下列规定：

1 双排脚手架必须在外侧两端、转角及中间间隔不超过 15 m 的里面上，各设置 1 道轮扣式钢管剪刀撑或扣件式钢管剪刀撑,并应由底至顶连续设置(图7.6.3)。

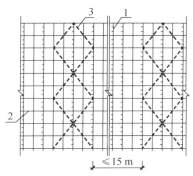

1—立杆;2—横杆;3—剪刀撑

图 7.6.3 剪刀撑设置

2 开口型双排脚手架的两端均必须设置扣件式钢管横向斜撑。

3 剪刀撑应用旋转扣件固定在与之相交的立杆上,旋转扣件中心线至主节点的距离不应大于 150 mm。

7.6.4 连墙件必须采用可承受拉压荷载的构造。对高度 24 m以上的双排脚手架,应采用刚性连墙件与建筑物连接。连墙件与脚手架立面及墙体应保持垂直,同一层连墙件宜在同一平面,水平间距不应大于 3 跨,与主体结构外侧面距离不宜大于 300 mm,竖向间距应以计算确定。

7.6.5 当设置双排脚手架人行通道时,应在通道上部架设支撑横梁,横梁截面大小应按跨度以及承受的荷载计算确定,通道两侧脚手架应加设钢管横向斜杆;洞口顶部应铺设封闭的防护板,两侧应设置安全网。

7.6.6 作业层脚手架构造设置应符合下列规定:

1 钢脚手板的挂钩必须完全扣在横杆上,挂钩必须处于锁住状态,作业层脚手板应满铺。

2 作业层的脚手板架体外侧应设挡脚板、防护栏杆,并应在脚手架外侧立杆满挂密目安全网。

3 当脚手架作业层与主体结构外侧间隙较大时,应在轮扣盘上的挑架设置形成脚手架内侧封闭的挂扣,并应满铺脚手板。

7.6.7 模板支撑架搭设高度不宜超过 20 m,且立杆应采用可调托座传递竖向荷载;当超过 20 m 时,应另行专门设计。

7.6.8 模板支撑架的剪刀撑设置应符合下列要求:

1 搭设高度不大于 5 m 的满堂模板支撑架,当与周边结构无可靠拉结时,架体外周及内部应在竖向连续设置轮扣式钢管剪刀撑(图 7.6.8-1、图 7.6.8-2)或扣件式钢管剪刀撑连接;竖向剪刀撑的间距和单幅剪刀撑的宽度宜为 5 m～8 m,且不大于 6 跨,剪刀撑与横杆的夹角宜为 45°～60°;架体高度大于 3 倍步距时,架体顶部应设置 1 道水平扣件式钢管剪刀撑,剪刀撑应延伸至周边(图 7.6.8-3、图 7.6.8-4)。

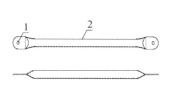

1—连接孔;2—斜撑管

图 7.6.8-1 轮扣式钢管剪刀撑 1

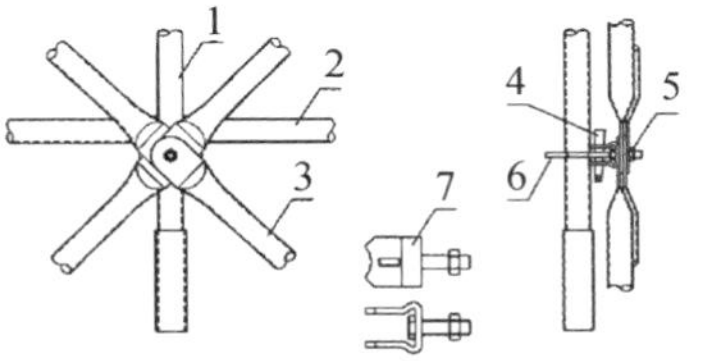

1—立杆;2—横杆;3—斜撑;4—插销;
5—螺母;6—轮扣盘;7—斜撑扣

图 7.6.8-2 轮扣式钢管剪刀撑 2

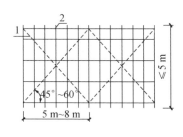

1—竖向剪刀撑;2—水平剪刀撑

图 7.6.8-3 剪刀撑设置立面

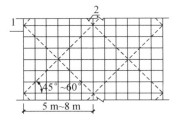

1—竖向剪刀撑;2—水平剪刀撑

图 7.6.8-4 剪刀撑设置平面

2 当架体搭设高度大于 5 m 且不超过 8 m 时,应在中间纵横向每隔 4 m~6 m 设置由下至上的连续竖向轮扣式钢管剪刀撑或扣件式钢管剪刀撑,同时四周设置由下至上的连续竖向轮扣式钢管剪刀撑或扣件式钢管剪刀撑,并在顶层、底层及中间层每隔 4 个步距设置扣件式钢管水平剪刀撑。

3 支撑架的竖向剪刀撑和水平剪刀撑应与支撑架同步搭设,剪刀撑的搭接长度不应小于 1 m,且采用扣件式钢管剪刀撑不应少于 2 个扣件连接,扣件盖板边缘至杆端不应小于 100 mm,扣件螺栓的拧紧力矩应不小于 40 N·m 且不大于 65 N·m。

4 当同时满足下列规定时,可采用无剪刀撑框架式支撑结构:

1) 搭设高度在 5 m 以下;

2) 被支撑结构自重的荷载标准值小于 5 kPa;

3) 支撑结构支承于坚实均匀地基土或结构土;

4) 支撑结构与既有结构有可靠连接。

7.6.9 模板支撑架的高宽比不宜大于 3。当高宽比大于 3 时,应通过计算确定架体周边和内部的水平间隔与竖向间隔,且设置连墙件与建筑结构拉结;当无法设置连墙件时,应采取设置钢丝绳张拉固定等措施。

7.7 插槽式钢管支撑架构造

7.7.1 搭设高度不宜超过 8 m,不应大于 15 m。

7.7.2 插槽式钢管支架应根据结构计算得出的立杆排架尺寸选用定长的水平杆,并应根据支撑高度组合立杆段、可调托座和可调底座。

7.7.3 支架的整体高宽比不宜大于 3,且不应大于 5。

7.7.4 插槽式支架的立杆间距不宜大于 1.2 m,步距不宜大于 1.5 m,立杆底部应按最下方接头位置设置扫地杆,扫地杆与地距离不应大于 550 mm。

7.7.5　立杆至墙或梁边距离应控制在 350 mm 以内。

7.7.6　梁底应采用型钢托架或钢管扣件托梁(图 7.7.6)。

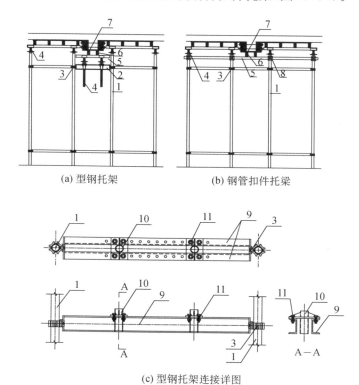

(a) 型钢托架　　　　　　　　(b) 钢管扣件托梁

(c) 型钢托架连接详图

1—立杆；2—型钢托架；3—插头插座主节点；4—可调托座；5—模板主楞；
6—模板次楞；7—模板；8—扣件；9—双拼槽钢，两端封头后焊接插头；
10—可调托座底座；11—螺栓连接

图 7.7.6　托梁

7.7.7　插槽式支架外侧四周及内部纵、横向每 6 m 应由底至顶设置钢管扣件竖向连续剪刀撑,剪刀撑宽度不应大于 6 m。

7.7.8　在竖向剪刀撑顶部交点平面应设置连续水平剪刀撑。水平剪刀撑跨度不应大于 6 m。竖向间距应符合下列规定：

    1 上部的施工总荷载设计值不大于 15 kN/m²，应至少每 3 步设置 1 个水平剪刀撑。

    2 上部的施工总荷载设计值大于 15 kN/m²，应至少每 2 步设置 1 个水平剪刀撑。

7.7.9 剪刀撑与插槽式支架架体杆的夹角应控制在 45°～60°，剪刀撑必须和立杆连接，旋转扣件中心线至主节点的距离不宜大于 150 mm，严禁扣接在水平杆上。

7.7.10 剪刀撑接长采用搭接时，搭接长度不应小于 1 m，并应采用不少于 2 个旋转扣件固定。端部扣件盖板的边缘至杆端距离不应小于 100 mm。

7.7.11 当支架高宽比大于 2 时，应在支架四周和既有建筑结构进行刚性连接，连墙件水平间距不宜大于 8 m，竖向间距宜为 2 m～3 m，连墙件连接点至支架主节点距离不应大于 300 mm。有特殊要求时，应做抗倾覆验算。

7.8 悬挑式脚手架构造

7.8.1 型钢悬挑脚手架一次悬挑高度不宜超过 20 m。

7.8.2 型钢悬挑梁宜采用双轴对称截面的型钢。悬挑钢梁型号及锚固件应按设计确定，钢梁截面高度不应小于 160 mm。悬挑梁尾端应有 2 处及以上固定于钢筋混凝土梁板结构上。锚固型钢悬挑梁的 U 形钢筋拉环或锚固螺栓直径不宜小于 16 mm。

7.8.3 用于锚固的 U 形钢筋拉环或螺栓应采用冷弯成型。U 形钢筋拉环、锚固螺栓与型钢间隙应用钢楔或硬木楔楔紧。

7.8.4 当型钢悬挑梁外端设置钢拉杆与上一层建筑结构斜拉结时，耳板与型钢悬挑梁连接焊缝宜采用工厂焊接。

7.8.5 悬挑钢梁悬挑长度应按设计确定，固定段长度不应小于悬挑段长度的 1.25 倍。型钢悬挑梁固定端应采用 2 个（对）及以上U形钢筋拉环或锚固螺栓与建筑结构梁板固定,U形钢筋拉环或锚固螺栓应预埋至混凝土梁、板底层钢筋位置,并应与混凝土梁、板底层钢筋焊接或绑扎牢固,其锚固长度应符合现行国家标准《混凝土结构设计规范》GB 50010 中钢筋锚固的规定(图 7.8.5)。

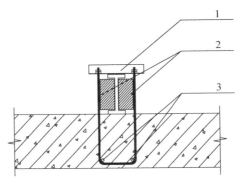

1—角钢;2—木楔;3—锚固钢筋

图 7.8.5　悬挑钢梁 U 形螺栓固定构造

7.8.6　当型钢悬挑梁与建筑结构采用螺栓钢压板连接固定时,钢压板尺寸不应小于 100 mm×10 mm(宽×厚);当采用螺栓角钢压板连接时,角钢的规格不应小于 63 mm×63 mm×6 mm。

7.8.7　型钢悬挑脚手架的构造还应符合下列规定:

　　1　型钢悬挑梁悬挑端应设置能使脚手架立杆与钢梁可靠固定的定位点,定位点离悬挑梁端部不应小于 100 mm。

　　2　锚固位置设置在楼板上时,楼板的厚度不宜小于 120 mm。如果楼板的厚度小于 120 mm,应采取加固措施。

　　3　悬挑梁间距应按悬挑架体立杆纵距设置,每一纵距设置 1 根。

　　4　悬挑架的外立面剪刀撑应自下而上连续设置。

　　5　锚固型钢的主体结构混凝土等级强度不得低于 C20。

　　6　主体施工时,悬挑脚手应高出作业层 1.5 m 以上。

7.8.8 对于装配式结构叠合板区域,型钢悬挑脚手架可采取如下方法(图 7.8.8)。加工预制板时,应在板上根据螺杆留洞定位图留设预留洞。

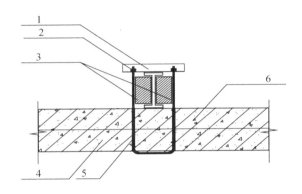

1—角钢;2—双螺母;3—木楔;4—预制板;5—预留孔;6—现浇混凝土板

图 7.8.8　叠合板埋设安装

7.9　落地式卸料平台及其他特殊部位脚手架构造

7.9.1　搭设落地式卸料平台时,其立杆间距和步距等结构要求应符合国家现行相关脚手架规范的规定;应在立杆下部设置底座或垫板、纵向与横向扫地杆,并应在外立面设置剪刀撑或斜撑。

7.9.2　落地式卸料平台应从底层第 1 步水平杆起逐层设置连墙件,且连墙件间距不应大于 4 m,并应设置水平剪刀撑。连墙件应为可承受拉力和压力的构件,并应与建筑结构可靠连接。

7.9.3　落地式卸料平台架体构造除应符合国家现行有关标准的规定外,还应符合下列规定:

　　1　卸料平台高度不应大于 15 m,高宽比不应大于 3。

　　2　操作平台的施工荷载不宜大于 2.0 kN/m² ;当操作平台的施工荷载大于 2.0 kN/m² 时,应进行专项设计。

3 操作平台应与建筑物永久结构进行刚性连接或加设防倾措施,不得与脚手架连接。

7.9.4 落地式卸料平台作业层应按国家现行相关标准的规定设置安全网及防护栏杆。

7.9.5 对于其他特殊部位的脚手,如施工电梯处的脚手、电梯井、采光井脚手、防护棚、挑网脚手可按本标准附录J采用。

8 安装、使用与拆除

8.1 一般规定

8.1.1 固定脚手架在搭设前,应根据施工对象情况、地基承载力、搭设高度,制定专项施工方案,并绘制施工图指导施工,施工图包括平面图、立面图、剖面图、主要节点图及其他必要的构造图。

8.1.2 固定脚手架搭设场地应平整、坚实,不应有积水,回填土场地搭设前应夯实。

8.1.3 预埋件等隐蔽工程的设置应按设计要求执行,隐蔽工程验收手续齐全。当采用预埋方式设置脚手架连墙件时,应按设计要求预埋。

8.1.4 经验收合格的构配件应按品种、规格分类码放,并应标挂数量、规格铭牌备用。构配件堆放场地应平整、坚实、排水措施得当。

8.1.5 固定脚手架搭设前,方案编制人员和专职安全员应按专项施工方案和安全技术措施的要求对参加搭设人员进行安全技术书面交底,并履行签字手续。

8.1.6 固定脚手架搭设过程中,应保证搭设人员有安全的作业位置,安全设施及措施应齐全,对应的地面位置应设置临时围护和警戒标志,并应有专人监护。

8.1.7 应按专项施工方案的要求准确放线定位,并应按照规定的尺寸构造和顺序进行搭设。

8.1.8 搭设高度 2 m 以上的支撑架体应设置作业人员登高措施。

8.1.9 脚手架扣件安装应符合下列规定:

1 扣件规格应与钢管外径相同。

2 螺栓拧紧扭力矩不应小于 40 N·m,且不应大于 65 N·m。

3 在主节点处固定横向水平杆、纵向水平杆、剪刀撑、横向斜撑等用的直角扣件、旋转扣件的中心点的相互距离不应大于150 mm。

4 对接扣件开口应朝下或朝内。

5 各杆件端头伸出扣件盖板边缘的长度不应小于100 mm。

8.1.10 落地式卸料平台架体构造应符合下列规定：

1 落地式卸料平台高度不应大于15 m,高宽比不应大于3。

2 落地式卸料平台的施工荷载大于2.0 kN/m² 时,应进行专项设计。

3 落地式卸料平台应与建筑物进行刚性连接或加设防倾措施,不得与脚手架连接。

4 用脚手架搭设落地式卸料平台时,其立杆间距和步距等结构要求应符合国家现行相关脚手架标准的规定;应在立杆下部设置底座或垫板、纵向与横向扫地杆,并应在外立面设置剪刀撑或斜撑。

5 落地式卸料平台应从底层第一步水平杆起逐层设置连墙件,且连墙件间隔不应大于4 m,并应设置水平剪刀撑。连墙件应为可承受拉力和压力的构件,并应与建筑结构可靠连接。

8.1.11 落地式操作平台一次搭设高度不应超过相邻连墙件以上2步。

8.2 扣件式钢管脚手架安装

8.2.1 单、双排脚手架必须配合施工进度搭设,一次搭设高度不应超过相邻连墙件以上2步;如果超过相邻连墙件以上2步,无法设置连墙件时,应采取与支模架临时拉结措施。

8.2.2 每搭完一步脚手架后,应按本标准的规定校正步距、纵距、横距及立杆的垂直度。

8.2.3 底座安放应符合下列规定:

1 底座、垫板均应准确地放在定位线上。

2 垫板宜采用长度不少于 2 跨、厚度不小于 50 mm、宽度不小于 200 mm 的木垫板。

8.2.4 立杆搭设应符合下列规定：

1 相邻立杆的对接连接及搭接连接应符合本标准第 7 章的规定。

2 脚手架开始搭设立杆时，应每隔 6 跨设置 1 根抛撑，直至连墙件安装稳定后，方可根据情况拆除。

3 当架体搭设至右连墙件的主节点时，在搭设完该处的立杆、纵向水平杆、横向水平杆后，应立即设置连墙件。

8.2.5 脚手架纵向水平杆的搭设应符合下列规定：

1 脚手架纵向水平杆应随立杆按步搭设，并应采用直角扣件与立杆固定。

2 纵向水平杆的搭设应符合本标准第 7 章的规定。

3 在封闭型脚手架的同一步中，纵向水平杆应四周交圈设置，并应用直角扣件与内外角部立杆固定。

8.2.6 脚手架纵向、横向扫地杆搭设应符合本标准第 7 章的规定。

8.2.7 脚手架连墙件安装应符合下列规定：

1 连墙件的安装应随脚手架搭设同步进行，不得滞后安装。

2 当单、双排脚手架施工操作层高出相邻连墙件以上 2 步时，应采取确保脚手架稳定的临时拉结措施，直到上一层连墙件安装完毕后再根据情况拆除。

8.2.8 固定脚手架剪刀撑与双排脚手架横向斜撑应随立杆、纵向和横向水平杆等同步搭设，不得滞后安装。

8.2.9 脚手架门洞搭设应符合本标准第 7 章的规定。

8.3　盘扣式钢管脚手架安装

8.3.1 承插型盘扣式钢管模板支架搭设应根据立杆放置可调底座，应按先立杆后水平杆再斜杆的顺序搭设，形成基本的架体单元,以此扩展搭设成整体支架体系。

8.3.2 承插型盘扣式钢管模板支架可调底座和土层基础上垫板应准确放置在定位线上,保持水平。垫板应平整、无翘曲,不得采用已开裂垫板。

8.3.3 承插型盘扣式钢管模板支架水平杆扣接头与连接盘的插销应用铁锤击紧至规定插入深度的刻度线。

8.3.4 承插型盘扣式钢管模板支架每搭完一步支模架后,应及时校正水平杆步距、立杆的纵横距、立杆的垂直偏差和水平杆的水平偏差。立杆的垂直偏差不应大于模板支架总高度的 1/500,且不得大于 50 mm。

8.3.5 承插型盘扣式钢管模板支架在多层楼板上连续设置模板支架时,应保证上下层支撑立杆在同一轴线上。

8.3.6 混凝土浇捣前,施工管理人员应组织对搭设的承插型盘扣式钢管模板支架进行验收,并应确认符合专项施工方案要求后方可浇筑混凝土。

8.3.7 承插型盘扣式钢管脚手架立杆应定位准确,并应配合施工进度搭设,一次搭设高度不应超过相邻连墙件以上 2 步。

8.3.8 承插型盘扣式钢管脚手架加固件、斜杆应与脚手架同步搭设。当采用扣件钢管做加固件、斜撑时,应符合本标准第 8.2 节的有关规定。

8.3.9 当承插型盘扣式钢管脚手架搭设至顶层时,外侧防护栏高出顶层作业层的高度不应小于 1 500 mm。

8.3.10 当搭设悬挑承插型盘扣式钢管外脚手架时,立杆的套管连接接长部位应采用螺栓作为立杆连接件固定。

8.4 碗扣式钢管脚手架安装

8.4.1 底座和垫板应准确地放置在定位线上;垫板宜采用长度不少于立杆 2 跨、厚度不小于 50 mm 的木板;底座的轴心线应与地面垂直。

8.4.2 双排脚手架搭设应按立杆、横杆、斜杆、连墙件的顺序逐层搭设,底层水平框架的纵向直线度偏差应小于 1/200 架体长度;横杆间水平度偏差应小于 1/400 架体长度。

8.4.3 双排脚手架的搭设应分阶段进行,每段搭设后必须经检查验收后,方可投入使用。

8.4.4 双排脚手架的搭设应与建筑物的施工同步上升,并应高于作业面 1.5 m。

8.4.5 当双排脚手架高度 H 不大于 30 m 时,垂直度偏差不应小于 $H/500$;当高度 H 大于 30 m 时,垂直度偏差不应大于 $H/1\ 000$。

8.4.6 当双排脚手架内外侧加挑梁时,在 1 跨挑梁范围内不得超过 1 名施工人员操作,严禁堆放物料。

8.4.7 连墙件必须随双排脚手架升高及时在规定的位置处设置,严禁任意拆除。

8.4.8 作业层设置应符合下列规定:

    1 脚手板必须铺满、铺实,外侧应设 180 mm 挡脚板及 1 200 mm 高 2 道防护栏杆。

    2 防护栏杆应在立杆 600 mm 和 1 200 mm 的碗扣接头处搭设 2 道。

    3 作业层下部的水平安全网设置应符合现行行业标准《建筑施工安全检查标准》JGJ 59 的规定。

8.4.9 模板支撑架的搭设应按专项施工方案,在专人指挥下,统一进行。

8.4.10 在多层楼板上连续设置支撑架时,应保证上下层支撑立杆在同一轴线上。

8.5 门式钢管脚手架安装

8.5.1 门式钢管脚手架的搭设程序应符合下列规定:

    1 门式钢管脚手架的搭设应与施工进度同步,一次搭设高度不宜超过最上层连墙件 2 步,且自由高度不应大于 4 m。

    2 支撑架应采用逐列、逐排和逐层的方法搭设。

3 门架的组装应自一端向另一端延伸,应自下而上按步架设,并应逐层改变搭设方向;不应自两端相向搭设或自中间向两端搭设。

4 每搭设完 2 步门架后,应校验门架的水平度及立杆的垂直度。

8.5.2 搭设门架及配件除应符合本标准第 7 章的规定外,尚应符合下列规定:

1 交叉支撑、脚手板应与门架同时安装。

2 连接门架的锁臂、挂钩必须处于锁住状态。

3 钢梯的设置应符合专项施工方案组装布置图的要求,底层钢梯底部应架设钢管并应采用扣件扣紧在门架立杆上。

4 在施工作业层外侧周边应设置 180 mm 高的挡脚板和 2 道栏杆,上道栏杆高度应为 1 200 mm,下道栏杆应居中设置。挡脚板和栏杆均应设置在门架立杆的内侧。

8.5.3 门式钢管脚手架加固杆的搭设除应符合本标准第 7.5 节的规定外,尚应符合下列规定:

1 水平加固杆、剪刀撑等加固杆件必须与门架同步搭设。

2 水平加固杆应设于门架立杆内侧,剪刀撑应设于门架立杆外侧。

8.5.4 门式钢管脚手架加固杆、连墙件等杆件与门架采用扣件连接时,应符合下列规定:

1 扣件规格应与所连接钢管的外径相匹配。

2 螺栓拧紧扭力矩不应小于 40 N·m,且不应大于 65 N·m。

3 杆件端头伸出扣件盖板边缘长度不应小于 100 mm。

8.5.6 门式钢管脚手架通道口的搭设应符合本标准第 7.5 节的要求,斜撑杆、托架梁及通道口两侧的门架立杆加强杆件应与门架同步搭设,严禁滞后安装。

8.6 轮扣式钢管脚手架安装

8.6.1 轮扣式钢管脚手架及支撑架在坡道、台阶、坑槽和凸台等部位的支撑结构,应符合下列规定:

1 支撑结构地基高差变化时，在高处的扫地杆应与此处的纵横向横杆拉通。

2 设置在坡面上的立杆，底板应有可靠的固定措施。

8.6.2 横杆与立杆上同一步距对应的轮扣盘对准时，可用小锤敲击横杆，使横杆端插头插入轮扣盘内，并击紧端插头与轮扣盘孔吻合，插入保险销，保证横杆与立杆可靠连接。

8.6.3 可调底座和垫板应准确地放置在定位线上，并保持水平。

8.6.4 连墙件、斜撑必须与架体同步搭设。当采用扣件式钢管配件作加固件、斜撑时，应符合本标准第 8.2 节的相关规定。

8.6.5 轮扣式模板支撑架和满堂支撑架搭设应符合下列规定：

1 每搭完一步支撑架后，应及时校正步距、立杆的纵横距、立杆的垂直偏差与横杆的水平偏差。控制立杆的垂直偏差不应大于 $3H/1\,000$，且不得大于 90 mm。

2 模板支撑架搭设应与模板施工相配合，可利用可调托座调整底模标高。

3 建筑楼板多层连续施工时，应保证上下层支撑立杆在同一轴线上。

4 支撑架搭设完成后混凝土浇筑前应有项目技术负责人组织相关人员进行自检，并报监理进行验收，合格后方可浇筑混凝土。

8.6.6 轮扣式双排脚手架搭设应符合下列规定：

1 搭设必须配合施工进度，一次搭设高度不应超过相邻连墙件以上 2 个步距。

2 连墙件必须随脚手架高度上升在规定位置处设置，严禁任意拆除。

3 作业层必须满铺脚手架；脚手架外侧应设挡脚板与护身栏杆；护身栏杆可用横杆在立杆的 0.6 m 和 1.2 m 的轮扣盘节点处布置 2 道，并应在外侧满挂密目式安全立网。

4 作业层与主体结构间的空隙应设置内侧护网。

5 作业层下部的水平安全网设置应符合现行行业标准《建

筑施工安全检查标准》JGJ 59 的规定。

6 当架体搭设至顶层时,外侧立杆高出顶层架体平台不应小于 1 500 mm,用作顶层的防护立杆。

7 脚手架可分段搭设分段使用,应由工程技术负责人组织相关人员进行验收,符合安全专项施工方案后方可使用。

8 当有抗拔要求时,立杆对接应增加锁销连接。

8.7 插槽式钢管脚手架安装

8.7.1 插槽式支架立杆可调底座、垫板必须准确放置在定位线上,垫板应平整、无翘曲,可调底座的螺母高度应调到规定高度,可调底座调节丝杆外露长度不应大于 300 mm。

8.7.2 插槽式支架立杆应先搭设,再安装水平杆和剪刀撑。

8.7.3 插槽式支架接长应采用立杆套管连接,立杆接头错开布置,相邻连接区段错开高度不宜小于 500 mm,一根立杆接长不宜多于 3 节,超过 3 节时应进行专项设计。

8.7.4 每完成一步搭设后,应校正步距、立杆纵横距、立杆垂直度偏差与水平杆水平度偏差。立杆垂直度偏差不应大于 1/1 000,且不应大于 10 mm。

8.7.5 支架搭设时应按规定同步设置水平和竖向剪刀撑,且应按方案要求与周边柱、梁等结构进行同步连接。

8.7.6 在多层楼板上连续设置支架时,宜保证上下层支撑立杆在同一轴线上。

8.7.7 支架搭设过程中,人员上、下的登高设施及安全防护设施应同步设置。

8.8 悬挑式脚手架安装

8.8.1 悬挑式脚手架搭设过程中,应保证搭设人员有安全的作业位置,安全设施及措施应齐全,对应的地面位置应设置临时围护和警戒标志,并应有专人监护。

8.8.2 应按专项施工方案的要求准确放线定位,并应按照规定的尺寸构造和顺序进行搭设。

8.8.3 悬挑式脚手架的底部及外侧应有防止坠物伤人的防护措施。

8.8.4 悬挑式脚手架的特殊部位(如阳台、转角、采光井、架体开口处等),必须按专项施工方案的要求施工。

8.8.5 搭设过程中,应将脚手架及时与主体结构拉结或采用临时支撑,以确保安全。对没有完成的外架,在每日收工时,应确保架子稳定,必要时可采取其他可靠措施固定。

8.8.6 悬挑式脚手架搭设过程中,步距、纵距、横距及立杆垂直度应符合本标准相关要求。每搭设完 10 m～12 m 高度后,应按本标准的要求进行安全检查,检查合格后方可继续搭设。

8.8.7 定位桩、悬挑钢梁、连系梁、悬挑钢梁端头连接、架体层间防护安装可按图 8.8.7-1～图 8.8.7-7 执行。

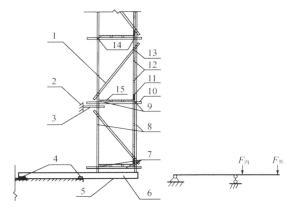

1—横向斜撑;2—支点;3—连墙件;4—固结点;5—密目式安全网及安全平网;
6—悬臂钢梁;7—扫地杆;8—立杆;9—纵向水平杆;10—横向水平杆;
11—挡脚板;12—防护栏杆;13—密目安全网;14—主节点;15—钢笆

图 8.8.7-1 悬挑式脚手架剖面(悬臂钢梁式)

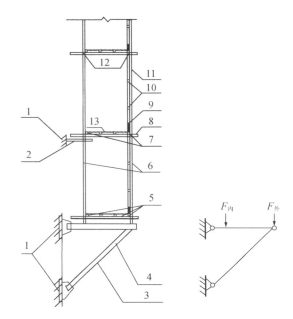

1—支点;2—连墙件;3—密目式安全网及安全平网;4—钢三角架;5—扫地杆;
6—立杆;7—纵向水平杆;8—横向水平杆;9—挡脚板;10—防护栏杆;
11—密目安全网;12—主节点;13—钢笆

图 8.8.7-2　悬挑式脚手架剖面(附着钢三角架式)

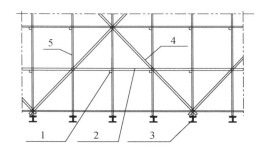

1—横向水平杆;2—纵向水平杆;3—型钢支承架;4—钢剪刀撑;5—立杆

图 8.8.7-3　悬挑式脚手架外立面
(立杆直接作用在型钢支承架上)

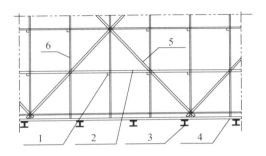

1—横向水平杆;2—纵向水平杆;3—型钢支承架;
4—纵向钢梁;5—剪刀撑;6—立杆

图 8.8.7-4　悬挑式脚手架外立面
(立杆作用在纵向钢梁上)

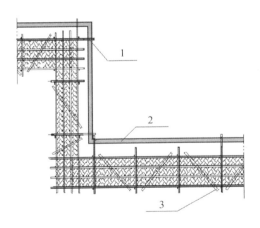

1—木楔;2—2根1.5 m长直径18 mm的HRB335钢筋;3—水平支撑

图 8.8.7-5　悬挑式脚手架平面

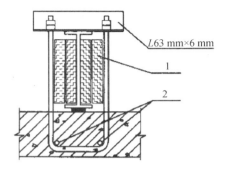

1—木楔;2—2 根 1.5 m 长直径 18 mm 的 HRB335 钢筋

图 8.8.7-6　底支座构造

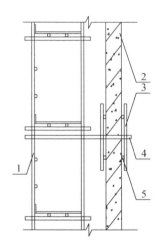

1—脚手架;2—主体结构;3—竖向挡杆;4—连墙杆;5—横向挡杆

图 8.8.7-7　连墙件构造

8.8.8　当搭设悬挑式脚手架时,连墙件、型钢支承架对应的主体结构混凝土应达到设计计算要求的强度,上部的脚手架搭设时型钢支承架对应的混凝土强度不得小于 C15。

8.9 使 用

8.9.1 固定脚手架搭设完毕投入使用前,应组织方案编制人员和专职安全员等有关人员按专项施工方案、安全技术措施的要求进行验收,验收合格方可投入使用。

8.9.2 钢管脚手架使用过程中,应定期检查架体构配件。对损伤变形的门架和构配件应进行更换或维修;不便更换或维修时,应采取临时加固措施。固定脚手架使用过程中,严禁下列违章作业:

　　1 利用架体吊运物料。

　　2 任意拆除架体结构或连接件。

　　3 任意拆除架体或移动架体上的安全防护措施。

　　4 其他影响建筑工程固定脚手架及支撑架使用安全的违章作业。

8.9.3 固定脚手架搭设在土体时,地基周边应做好排水措施。搭设范围内不应有其他施工开挖活动。当地基承载力不满足时,应按设计要求进行加固。

8.9.4 支撑结构使用中构造或用途发生变化时,必须重新对施工方案进行设计和审批。

8.9.5 混凝土浇筑前,施工管理人员应组织对搭设的支撑架进行验收,并应确认符合专项施工方案要求后方可浇筑混凝土。

8.9.6 应严格控制固定式模板支撑系统的施工总荷载,模板、钢筋及其他材料等施工荷载应均匀放置,不得超过设计荷载;在施工中应有专人监控。

8.9.7 混凝土浇筑时应均匀铺摊,不得集中堆置。

8.9.8 在混凝土浇筑过程中,应有专人对模板支撑系统进行监护。发现有松动、变形等情况时,应立即报告施工负责人,停止浇筑,采取加固措施。必要时,应采取迅速撤离人员等应急措施。

8.9.9 在模板支架上进行电、气焊作业时,必须有防火措施和专人监护。

8.9.10 悬挑式脚手架在使用过程中,架体上的施工荷载必须符合设计要求,结构施工阶段不得超过 2 层同时作业,装修施工阶段不得超过 3 层同时作业,在一个跨距内各操作层施工均布荷载标准值总和不得超过 5.0 kN/m^2,取值不得小于 4.0 kN/m^2,集中堆载不得超过 3.0 kN;架体上的建筑垃圾及其他杂物应及时清理。

8.9.11 六级及以上大风及雷雨、雾、大雪等天气时,严禁继续在脚手架上作业;雨、雪后上架作业前,应清除积水、积雪,并应有防滑措施。夜间施工应制订专项施工方案,提供足够的照明及采取必要的安全措施。

8.9.12 悬挑式脚手架在使用过程中,应按每月不少于 1 次的要求进行安全检查,不合格部位应立即整改。

8.9.13 悬挑式脚手架停用时间超过 1 个月或遇六级及以上大风或大雨(雪)后,应按要求进行安全检查,检查合格后方可继续使用。

8.9.14 门式钢管脚手架使用过程中,应定期检查架体构配件。对损伤变形的门架和构配件应进行更换或维修;不便更换或维修时,应采取临时加固措施。

8.9.15 搭设完的操作平台应按规范进行验收,合格挂牌后方可使用。

8.9.16 在使用期间严禁拆除纵横向水平杆、栏杆、平台板及立杆和拉接。

8.9.17 落地卸料平台应与建筑物进行刚性连接或加设防倾措施,不得与脚手架连接。

8.9.18 卸料平台严禁超载使用,在起吊物料时必须有指挥人员在现场指挥。

8.10 拆 除

8.10.1 固定脚手架拆卸作业前,方案编制人员和专职安全员必须按专项施工方案和安全技术措施的要求对参加拆卸人员进行安全技术书面交底,并履行签字手续。

8.10.2 混凝土强度应达到表8.10.2的规定后,方可拆除混凝土模板的支撑架。

表8.10.2 支撑拆除时的混凝土强度要求

结构类型	结构跨度(m)	按设计的混凝体标准值的百分率(%)
板	≤2	≥50
	>2,≤8	≥75
	>8	≥100
梁、拱	≤8	≥75
	>8	≥100
悬臂构件		≥100

8.10.3 固定脚手架拆除应按先支后拆的原则,自上而下逐层进行,严禁上下层同时进行拆除作业。

8.10.4 固定脚手架拆除应由专业操作人员作业,由专人进行监护,在拆除区域周边设置围栏和警戒标志,由专人看管,严禁非操作人员入内。

8.10.5 固定支撑架的拆除作业应符合下列规定:

1 拆除顺序依次为次承重模板、主承重模板、支撑架体。同一层的构配件和加固件应按先上后下、先外后里的顺序拆除。

2 拆除大跨度梁下支柱时,应先从跨中开始,分别向两端拆除。

3 水平杆和剪刀撑,必须在支架立杆拆卸到相应的位置时方可拆除。

4 设有连墙件的模板支撑系统,连墙件必须随支架逐步拆除,严禁先将连墙件全部或数步拆除后再拆支架。

5 在拆除过程中,支架的自由悬空高度不得超过2步;当自由悬空高度超过2步时,应加设临时拉结。

8.10.6 固定脚手架拆除时,严禁超过2人在同一垂直平面上操作。严禁将拆卸的杆件、零配件向地面抛掷。

8.10.7 当有多层混凝体结构,在强度达到底模拆除要求时,除经验证支撑面已有足够的承载能力外,严禁拆除下一层的模板支撑系统。

8.10.8 后浇带两侧至少保留3跨支撑架,待后浇带混凝土浇筑完成且达到规定强度后再进行统一拆除。

8.10.9 固定脚手架拆除应按专项方案施工,拆除前应做好下列准备工作:

1 应全面检查脚手架的扣件连接、连墙件、支撑体系等是否符合构造要求。

2 应根据检查结果补充完善脚手架专项方案中的拆除顺序和措施,经审批后方可实施。

3 拆除前应对施工人员进行交底。

8.10.10 双排固定脚手架拆除时,连墙件必须随脚手架逐层拆除,严禁先将连墙件整层或数层拆除后再拆脚手架,分段拆除高差大于2步时,应增设连墙件加固。

8.10.11 当脚手架采取分段、分立面拆除时,事先应确定技术方案,对不拆除的脚手架两端,事先必须采取必要的加固措施。

8.10.12 当脚手架拆至下部最后一根长立杆的高度时,应先在适当位置搭设临时抛撑加固后,再拆除连墙件。当单、双排脚手架采取分段、分立面拆除时,对不拆除的脚手架两端,应先设置连墙件和横向斜撑加固。

8.10.13 脚手架拆除作业应设专人指挥,当有多人同时操作时,应明确分工,统一行动,且应具有足够的操作面。

8.10.14 脚手架卸料时,严禁将各构配件抛掷至地面。

8.10.15 脚手架运至地面的构配件应按本标准的规定及时检查、整修与保养,并应按品种、规格分别存放。

8.10.16 门式脚手架拆除作业必须符合下列规定:

1 同一层的构配件和加固杆件必须按先上后下、先外后内的顺序进行拆除。

2 连墙件必须随脚手架逐层拆除,严禁先将连墙件整层或数层拆除后再拆架体。拆除作业过程中,当架体的自由高度大于2步时,必须架设临时拉结。

3 连接门架的剪刀撑等加固杆件必须在拆卸该门架时拆除。

8.10.17 门式脚手架拆卸连接部件时,应先将止退装置旋转至开启位置,然后拆除,不得硬拉,严禁敲击。拆除作业中,严禁使用手锤等硬物击打、撬别。

8.10.18 拆除立杆时,应先抱住立杆再拆除最后两个扣;当拆除纵向水平杆、剪刀撑、斜撑时,应先拆除中间扣,然后托住中间,再拆除两头扣。

8.10.19 大片架体拆除后所预留的斜道、上料平台和作业通道等,应在拆除前采取加固措施,确保拆除后的完整、安全和稳定。

8.10.20 脚手架拆除时,严禁碰撞附近的各类电线。

8.10.21 拆下的材料,应采用绳索拴住木杆大头利用滑轮缓慢下运,严禁抛掷。运至地面的材料应按指定地点,随拆随运,分类堆放。

8.10.22 拉接件应逐层进行拆除。严禁先拆完拉接件后,再拆除卸料平台。

9 检查与验收

9.1 构配件及材料进场检查与验收

9.1.1 构配件产品的检验应符合下列规定：

1 出厂文件应有使用材料质量说明、证明书及产品质量合格证。

2 属下列情况之一的应进行型式检验：

    1）新产品或老产品转厂生产的试制定型鉴定；

    2）正式生产后如结构、材料、工艺有较大改变可能影响性能时；

    3）产品长期停产，恢复生产时；

    4）出厂检验与上次型式检验有较大差异时；

    5）省、市、国家质量监督机构或行业管理部门提出进行型式检验要求时。

9.1.2 钢管的检查应符合下列规定：

1 钢管应有产品质量合格证。

2 钢管应有质量检验报告，材质检验方法应符合现行国家标准《金属材料拉伸试验 第 1 部分：室温试验方法》GB/T 228.1 的有关规定，其质量应符合本标准第 4.1.1 条的规定。

3 钢管表面应平直光滑、壁厚均匀，有防锈处理，不应有裂缝、结疤、分层、错位、硬弯、电焊结疤、毛刺、压痕和深的划道，严禁使用有打孔、洞的钢管。

4 钢管允许偏差应符合本标准第 4.1～4.7 节的相关规定。

5 钢管使用前应对其壁厚进行抽检，抽检比例不低于 30%。对于壁厚减小量超过 10% 的，应予以报废。不合格比例大于

30％的,应扩大抽检比例;不合格比例大于50％的,应全部检验。

9.1.3 架体结构连接材料的验收应符合下列规定:

1 扣件应有生产许可证、法定检测单位的测试报告和产品质量合格证。

2 扣件应进行防锈处理。

3 扣件的技术要求应符合现行国家标准《钢管脚手架扣件》GB 15831 的相关规定。

4 扣件进入施工现场应按现行国家标准《钢管脚手架扣件》GB 15831 的规定进行抽样检测。严禁使用有裂缝、变形或螺栓出现滑丝的扣件。

5 其他架体结构连接材料的质量应符合本标准第 4.1～4.7 节的相关规定。

9.1.4 金属脚手板的检查应符合下列规定:

1 新脚手板应有产品质量合格证。

2 板面不得有裂纹、开焊与硬弯。

3 脚手板应涂防锈漆。

4 脚手板应有防滑措施。

9.1.5 悬挑式脚手架用型钢的质量除应符合本标准第 4.8 节的相关规定外,还应符合现行国家标准《钢结构工程施工质量验收标准》GB 50205 的有关规定。

9.1.6 可调托座的检查应符合下列规定:

1 应有产品质量合格证,其质量应符合本标准第 4.1 节的相关规定。

2 应有质量检验报告,可调托座抗压承载力设计值不应小于 40 kN。

3 可调托座支托板厚不应小于 5 mm,变形不应大于 1 mm。

4 严禁使用有裂缝的支托板、螺母。

9.2 固定脚手架及支撑架检查与验收

9.2.1 支撑架应根据下列情况按进度分阶段进行检查和验收：

　　1 地基基础完工后支撑架搭设之前。

　　2 支撑架搭设后模板未装设前，应对支架杆件设置、扣件紧固、连墙件连接和剪刀撑等进行检查。超过 8 m 的高支模架还需增加 1 次搭设至一半高度的中间检查。

　　3 模板支撑架完成后浇筑混凝土之前，应对模板支撑架进行全面检查和验收。

9.2.2 固定脚手架应根据下列情况按进度分阶段进行检查和验收：

　　1 基础完工后及脚手架搭设前。

　　2 首段高度达到 6 m 时。

　　3 架体随施工进度逐层升高时。

　　4 搭设高度达到设计高度后。

　　5 满堂脚手架搭设完毕或每搭设 4 步高度时。

9.2.3 支撑架应重点检查和验收下列内容：

　　1 基础应符合设计要求，并应平整坚实，立杆与基础间应无松动、悬空现象，底座、支垫应符合规定。

　　2 搭设的架体三维尺寸应符合设计要求，搭设方法和斜杆、钢管剪刀撑等设置应符合本标准第 8 章的规定。

　　3 可调托座和可调底座伸出水平杆的悬臂长度应符合设计限定要求。

　　4 扣件式钢管支架的扣件螺栓应无松动，扣件拧紧力矩应按现行行业标准《建筑施工扣件式钢管脚手架安全技术规范》JGJ 130 的规定进行抽样检测。对高大模板支架中梁底水平杆与立杆连接扣件以及采用双扣件方式承载抗滑力的扣件应全数检查。

　　5 承插式的插销应击紧至所需插入深度的标志刻度。

6 插槽式的水平杆插头与立杆插座应击紧,插头顶部外露高度不得大于 10 mm。

9.2.4 固定脚手架应重点检查和验收下列内容:

1 搭设的架体三维尺寸应符合设计要求,斜杆和钢管剪刀撑设置应符合本标准规定。

2 立杆基础不应有不均匀沉降,立杆可调底座与基础面的接触不应有松动和悬空现象。

3 扣件螺栓应无松动,承插插销应击紧。

4 连墙件设置应符合设计要求,应与主体结构、架体可靠连接。

5 外侧安全立网、内侧层间水平网的张挂及防护栏杆的设置应齐全、牢固。

6 周转使用的支架构配件使用前应进行外观检查与记录。

9.2.5 脚手架搭设的质量与检验方法应按本标准附录 H 采用。

9.2.6 模板支撑架和固定脚手架搭设的施工记录和质量检查及验收记录应及时、齐全。

9.2.7 脚手架验收合格后,应设置验收标识牌,公示验收时间及责任人员。

10 安全管理

10.0.1 搭设和拆除脚手架及支撑架作业应有相应的安全设施,操作人员应佩戴个人防护用品,穿防滑鞋。

10.0.2 六级及以上大风天气应停止架上作业,雨、雾、冰雪天气应停止架体拆除作业;雨、雪、霜冻后,应铲除架体上的积水、积雪或积霜并应采取有效防滑措施后方可上架作业。

10.0.3 建筑工程固定脚手架及支撑架作业层荷载应满足设计限载要求,严禁超载。

10.0.4 严禁将缆风绳、混凝土泵管、模板支架及大型设备的附着件等固定在建筑工程固定脚手架及支撑架上。模板支撑架严禁固定在外脚手架或支撑架上,即严禁直接利用外脚手架作为模板承重架的一部分。

10.0.5 混凝土浇筑过程中,应派专人在安全区域内观测模板支架的工作状态。发生异常时,观测人员应立即报告施工负责人;情况紧急时,施工人员应迅速撤离,待现场负责人确认安全后再进行相应加固处理。

10.0.6 建筑工程固定脚手架及支撑架与架空线路的安全距离、工地临时用电线路及架体接地、防雷措施,应按现行行业标准《施工现场临时用电安全技术规范》JGJ 46 的有关规定执行。

10.0.7 建筑工程固定脚手架及支撑架在使用过程中应进行监督检查,检查项目应符合下列规定:

1 基础周边具备有序排水措施,且应无积水,底座和可调托座应无松动,立杆不得悬空。

2 架体基础应无明显沉降,架体应无超载使用情况,无明显变形。

3 架体构造应符合架体设计构造,无构件缺失、松动。

4 架体安全防护设施应满足设计要求,无损坏缺失。

5 对于超限梁、板等承重支架,为直观了解支撑架受荷载情况下架体稳定性,应增加对支撑架的竖向受力构件的应力监测。

10.0.8 当脚手架遇到下列情况之一时,应全面检查,确认安全后方可继续使用:

1 停用超过1个月后。

2 遇上六级及以上强风或大暴雨后。

3 架体因施工需要进行局部调整后。

4 架体地基出现异常情况。

5 发生其他特殊情况后。

10.0.9 脚手架在使用期间,不得擅自拆除扫地杆、连墙件、悬挑架的拉杆或支撑杆件和防护网。

10.0.10 建筑工程固定脚手架及支撑架的搭设和拆除作业不宜在夜间进行。

10.0.11 当建筑工程固定脚手架及支撑架在使用过程中出现安全隐患时,应立即排除;当出现可能危及人身安全的重大隐患时,应立即停止作业,撤离作业人员,并立即进行检查,采取相应的措施处置。

10.0.12 在建筑工程固定脚手架及支撑架上进行气割或焊接作业时,应提前办理动火手续,对动火人员进行安全技术交底;动火现场应设有防火措施,并派专人监护,作业人员应持特种作业操作证书和动火证进行操作。

10.0.13 对脚手架钢管进行喷涂油漆维护时,应选择通风开阔的区域,作业人员应佩戴手套、口罩,剩余的油漆不得随地废弃。

10.0.14 建筑工程固定脚手架及支撑架围护边网不应出现破损,同时应定期浇水清理边网上的灰尘。

10.0.15 建筑工程固定脚手架及支撑架搭设过程中,如需要采用电焊作业,现场应采用可靠的围挡措施。

10.0.16 建筑工程固定脚手架及支撑架拆除前,应对作业班组进行安全技术书面交底,现场应设置警戒区,并用彩条布围起来,设置安全警示标志,安排专职安全员现场巡视和监管。

10.0.17 建筑工程固定脚手架及支撑架拆除前,应先清理脚手板上残留的建筑垃圾,浇水湿润脚手板和边网,降低其拆除过程中扬尘。

10.0.18 对于建筑工程固定脚手架及支撑架在搭设及拆除过程中产生的噪声、振动的施工机械,应采取有效控制措施,减少噪声扰民。

附录 A 扣件式钢管脚手架主要构配件的制作质量及形位公差要求

表 A 扣件式钢管脚手架主要构配件的制作质量及形位公差要求

序号	项目	允许偏差 Δ (mm)	示意图	检测方式
1	焊接钢管尺寸(mm) 外径 48.3 壁厚 3.6	±0.5 ±0.36	—	游标卡尺
2	钢管两端面切斜偏差	1.70		塞尺、拐角尺
3	钢管外表面锈蚀深度	$\leqslant0.18$		游标卡尺
4	钢管弯曲 a. 各种杆件钢管的端部弯曲 $l\leqslant1.5$ m	$\leqslant5$		钢板尺
	b. 立杆钢管弯曲 3 m$<l\leqslant4$ m 4 m$<l\leqslant6$ m	$\leqslant12$ $\leqslant20$		
	c. 水平杆、斜杆的钢管弯曲 $l\leqslant6$ m	$\leqslant30$		
5	冲压钢脚手板 a. 板面挠曲 $l\leqslant4$ m $l>4$ m	$\leqslant12$ $\leqslant16$	—	钢板尺
	b. 板面扭曲(任一角翘起)	$\leqslant5$		

附录 B 盘扣式钢管脚手架主要构配件的种类、规格、制作质量及形位公差要求

表 B.0.1 盘扣式钢管脚手架主要构配件种类和规格

名称	型号	规格(mm)	材质	理论重量(kg)
立杆	A-LG-500	Φ60×3.2×500	Q345A	3.75
	A-LG-1000	Φ60×3.2×1 000	Q345A	6.65
	A-LG-1500	Φ60×3.2×1 500	Q345A	9.60
	A-LG-2000	Φ60×3.2×2 000	Q345A	12.5
	A-LG-2500	Φ60×3.2×2 500	Q345A	15.5
	A-LG-3000	Φ60×3.2×3 000	Q345A	18.4
	B-LG-500	Φ48×3.2×500	Q345A	2.95
	B-LG-1000	Φ48×3.2×1 000	Q345A	5.30
	B-LG-1500	Φ48×3.2×1 500	Q345A	7.64
	B-LG-2000	Φ48×3.2×2 000	Q345A	9.90
	B-LG-2500	Φ48×3.2×2 500	Q345A	12.30
	B-LG-3000	Φ48×3.2×3 000	Q345A	14.65
水平杆	A-SG-300	Φ48×2.5×240	Q235B	1.40
	A-SG-600	Φ48×2.5×540	Q235B	2.30
	A-SG-900	Φ48×2.5×840	Q235B	3.20
	A-SG-1200	Φ48×2.5×1 140	Q235B	4.10
	A-SG-1500	Φ48×2.5×1 440	Q235B	5.00
	A-SG-1800	Φ48×2.5×1 740	Q235B	5.90
	A-SG-2000	Φ48×2.5×1 940	Q235B	6.50
	B-SG-300	Φ42×2.5×240	Q235B	1.30

名称	型号	规格（mm）	材质	理论重量（kg）
水平杆	B-SG-600	Φ42×2.5×540	Q235B	2.00
	B-SG-900	Φ42×2.5×840	Q235B	2.80
	B-SG-1200	Φ42×2.5×1 140	Q235B	3.60
	B-SG-1500	Φ42×2.5×1 440	Q235B	4.30
	B-SG-1800	Φ42×2.5×1 740	Q235B	5.10
	B-SG-2000	Φ42×2.5×1 940	Q235B	5.60
竖向斜杆	A-XG-300×1000	Φ48×2.5×1 008	Q195	4.10
	A-XG-300×1500	Φ48×2.5×1 506	Q195	5.50
	A-XG-600×1000	Φ48×2.5×1 089	Q195	4.30
	A-XG-600×1500	Φ48×2.5×1 560	Q195	5.60
	A-XG-900×1000	Φ48×2.5×1 238	Q195	4.70
	A-XG-900×1500	Φ48×2.5×1 668	Q195	5.90
	A-XG-900×2000	Φ48×2.5×2 129	Q195	7.20
	A-XG-1200×1000	Φ48×2.5×1 436	Q195	5.30
	A-XG-1200×1500	Φ48×2.5×1 820	Q195	6.40
	A-XG-1200×2000	Φ48×2.5×2 250	Q195	7.55
	A-XG-1500×1000	Φ48×2.5×1 664	Q195	5.90
	A-XG-1500×1500	Φ48×2.5×2 005	Q195	6.90
	A-XG-1500×2000	Φ48×2.5×2 402	Q195	8.00
	A-XG-1800×1000	Φ48×2.5×1 912	Q195	6.60
	A-XG-1800×1500	Φ48×2.5×2 215	Q195	7.40
	A-XG-1800×2000	Φ48×2.5×2 580	Q195	8.50
	A-XG-2000×1000	Φ48×2.5×2 085	Q195	7.00
	A-XG-2000×1500	Φ48×2.5×2 411	Q195	7.90
	A-XG-2000×2000	Φ48×2.5×2 756	Q195	8.80
	B-XG-300×1000	Φ33×2.3×1 057	Q195	2.95

续表 B.0.1

名称	型号	规格（mm）	材质	理论重量（kg）
竖向斜杆	B-XG-300×1500	Φ33×2.3×1 555	Q195	3.82
	B-XG-600×1000	Φ33×2.3×1 131	Q195	3.10
	B-XG-600×1500	Φ33×2.3×1 606	Q195	3.92
	B-XG-900×1000	Φ33×2.3×1 277	Q195	3.36
	B-XG-900×1500	Φ33×2.3×1 710	Q195	4.10
	B-XG-900×2000	Φ33×2.3×2 173	Q195	4.90
	B-XG-1200×1000	Φ33×2.3×1 472	Q195	3.70
	B-XG-1200×1500	Φ33×2.3×1 859	Q195	4.40
	B-XG-1200×2000	Φ33×2.3×2 291	Q195	5.10
	B-XG-1500×1000	Φ33×2.3×1 699	Q195	4.09
	B-XG-1500×1500	Φ33×2.3×2 042	Q195	4.70
	B-XG-1500×2000	Φ33×2.3×2 402	Q195	5.40
	B-XG-1800×1000	Φ33×2.3×1 946	Q195	4.53
	B-XG-1800×1500	Φ33×2.3×2 251	Q195	5.05
	B-XG-1800×2000	Φ33×2.3×2 618	Q195	5.70
	B-XG-2000×1000	Φ33×2.3×2 119	Q195	4.82
	B-XG-2000×1500	Φ33×2.3×2 411	Q195	5.35
	B-XG-2000×2000	Φ33×2.3×2 756	Q195	5.95
水平斜杆	A-SXG-900×900	Φ48×2.5×1 273	Q235B	4.30
	A-SXG-900×1200	Φ48×2.5×1 500	Q235B	5.00
	A-SXG-900×1500	Φ48×2.5×1 749	Q235B	5.70
	A-SXG-1200×1200	Φ48×2.5×1 697	Q235B	5.55
	A-SXG-1200×1500	Φ48×2.5×1 921	Q235B	6.20
	A-SXG-1500×1500	Φ48×2.5×2 121	Q235B	6.80
	B-SXG-900×900	Φ42×2.5×1 272	Q235B	3.80
	B-SXG-900×1200	Φ42×2.5×1 500	Q235B	4.30

名称	型号	规格(mm)	材质	理论重量(kg)
水平斜杆	B-SXG-900×1500	Φ42×2.5×1 749	Q235B	5.00
	B-SXG-1200×1200	Φ42×2.5×1 697	Q235B	4.90
	B-SXG-1200×1500	Φ42×2.5×1 921	Q235B	5.50
	B-SXG-1500×1500	Φ42×2.5×2 121	Q235B	6.00
可调托座	A-ST-500	Φ48×6.5×500	Q235B	7.12
	A-ST-600	Φ48×6.5×600	Q235B	7.60
	B-ST-500	Φ38×5.0×500	Q235B	4.38
	B-ST-600	Φ38×5.0×600	Q235B	4.74
可调底座	A-XT-500	Φ48×6.5×500	Q235B	5.67
	A-XT-600	Φ48×6.5×600	Q235B	6.15
	B-XT-500	Φ38×5.0×500	Q235B	3.53
	B-XT-600	Φ38×5.0×600	Q235B	3.89

注:1 立杆规格为 Φ60×3.2 的为 A 型盘扣式钢管支架;立杆规格为 Φ48×
3.2 的为 B 型盘扣式钢管支架。

2 A-SG、B-SG 为水平杆,适用于 A 型、B 型盘扣式钢管支架。

3 A-SXG、B-SXG 为斜杆,适用于 A 型、B 型盘扣式钢管支架。

表 B.0.2 盘扣式支架主要构配件的制作质量及形位公差要求

名称	项目	公称尺寸(mm)	允许偏差(mm)	检测方式
立杆	长度	—	±0.7	钢卷尺
	插座间距	500	±0.5	钢卷尺
	杆件直线度	—	$L/1\,000$	专用量具
	杆端面对轴线垂直度	—	0.3	角尺
	连接盘与立杆同轴度	—	0.3	专用量具
水平杆	长度	—	±0.5	钢卷尺
	扣接头平行度	—	≤1.0	专用量具
竖向斜杆	两端螺栓孔间距	—	≤1.5	钢卷尺

名称	项目	公称尺寸(mm)	允许偏差(mm)	检测方式
可调托座	托座钢板厚度	5	±0.2	游标卡尺
	加劲片厚度	4	±0.2	游标卡尺
	丝杆外径	Φ38、Φ48	±2	游标卡尺
可调底座	底板厚度	5	±2	游标卡尺
	丝杆外径	Φ38、Φ48	±2	游标卡尺
挂扣式钢脚手板	挂钩圆心间距	—	±2	钢卷尺
	宽度	—	±3	钢卷尺
	高度	—	±2	钢卷尺
挂扣式钢梯	挂钩圆心间距	—	±2	钢卷尺
	梯段宽度	—	±3	钢卷尺
	踏步高度	—	±2	钢卷尺
挡脚板	长度	—	±2	钢卷尺
	宽度	—	±2	钢卷尺

表 B.0.3　可调托座、可调底座承载力

轴心抗压承载力		偏心抗压承载力	
平均值(kN)	最小值(kN)	平均值(kN)	最小值(kN)
200	180	170	153

表 B.0.4　挂扣式钢脚手板承载力

项目	平均值	最小值
挠度	≤10	
受弯承载力(kN)	>5.4	>4.9
抗滑移强度(kN)	>3.2	>2.9

附录 C 碗扣式脚手架主要构配件种类和规格

表 C　碗扣式脚手架主要构配件种类、规格

名称	型号	规格(mm)	材质	理论重量(kg)
立杆	LG-A-120	Φ48.3×3.5×1 200	Q235	7.05
	LG-A-180	Φ48.3×3.5×1 800	Q235	10.19
	LG-A-240	Φ48.3×3.5×2 400	Q235	13.34
	LG-A-300	Φ48.3×3.5×3 000	Q235	16.48
	LG-B-80	Φ48.3×3.5×800	Q345	4.30
	LG-B-100	Φ48.3×3.5×1 000	Q345	5.50
	LG-B-130	Φ48.3×3.5×1 300	Q345	6.90
	LG-B-150	Φ48.3×3.5×1 500	Q345	8.10
	LG-B-200	Φ48.3×3.5×2 000	Q345	10.50
	LG-B-230	Φ48.3×3.5×2 300	Q345	11.80
	LG-B-250	Φ48.3×3.5×2 500	Q345	13.40
	LG-B-280	Φ48.3×3.5×2 800	Q345	15.40
	LG-B-300	Φ48.3×3.5×2 300	Q345	11.80
水平杆	SPG-30	Φ48.3×3.5×300	Q235	1.32
	SPG-60	Φ48.3×3.5×600	Q235	2.47
	SPG-90	Φ48.3×3.5×900	Q235	3.69
	SPG-120	Φ48.3×3.5×1 200	Q235	4.84
	SPG-150	Φ48.3×3.5×1 500	Q235	5.93
	SPG-180	Φ48.3×3.5×1 800	Q235	7.14

续表C

名称	型号	规格（mm）	材质	理论重量（kg）
间水平杆	JSPG-90	Φ48.3×3.5×900	Q235	4.37
	JSPG-120	Φ48.3×3.5×1 200	Q235	5.52
	JSPG-120+30	Φ48.3×3.5×(1 200+300) 用于窄挑梁	Q235	6.85
	JSPG-120+60	Φ48.3×3.5×(1 200+600) 用于宽挑梁	Q235	8.16
专用外斜杆	WXG-0912	Φ48.3×3.5×1 500	Q235	6.33
	WXG-1212	Φ48.3×3.5×1 700	Q235	7.03
	WXG-1218	Φ48.3×3.5×2 160	Q235	8.66
	WXG-1518	Φ48.3×3.5×2 340	Q235	9.30
	WXG-1818	Φ48.3×3.5×2 550	Q235	10.04
窄挑梁	TL-30	Φ48.3×3.5×300	Q235	1.53
宽挑梁	TL-60	Φ48.3×3.5×600	Q235	8.60
立杆连接销	LJX	Φ10	Q235	0.18
可调底座	KTZ-45	T38×5.0,可调范围≤300	Q235	5.82
	KTZ-60	T38×5.0,可调范围≤450	Q235	7.12
	KTZ-75	T38×5.0,可调范围≤600	Q235	8.50
	KTC-45	T38×5.0,可调范围≤300	Q235	7.01
	KTC-60	T38×5.0,可调范围≤450	Q235	8.31
	KTC-75	T38×5.0,可调范围≤600	Q235	9.69

注:表中所列立杆型号标识为"-A"代表节点间距按0.6 m模数（Q235材质立杆）设置;标识为"-B"代表节点间距按0.5 m模数（Q345材质立杆）设置。

附录 D 门架、配件质量分类

D.1 门架与配件质量类别及处理规定

D.1.1 周转使用的门架与配件可分为 A、B、C、D 四类，并应符合下列规定：

1 A 类：有轻微变形、损伤、锈蚀。经清除粘附砂浆、泥土等污物，除锈、重新油漆等保养工作后可继续使用。

2 B 类：有一定程度变形或损伤（如弯曲、下凹），锈蚀轻微。应经矫正、平整、更换部件、修复、补焊、除锈、油漆等修理保养后继续使用。

3 C 类：锈蚀较严重。应抽样进行荷载试验后确定能否使用，试验应按现行行业标准《门式钢管脚手架》JG 13 中的有关规定进行。经试验确定可使用的，应按 B 类要求经修理保养后使用；不能使用的，则按 D 类处理。

4 D 类：有严重变形、损伤或锈蚀。不得修复，应报废处理。

D.2 质量类别判定

D.2.1 周转使用的门架与配件质量类别判定应按表 D.2.1-1～表 D.2.1-5 的规定划分。

表 D.2.1-1 门架质量分类

部位及项目		A类	B类	C类	D类
立杆	弯曲(门架平面外)	≤4 mm	>4 mm	—	—
	裂纹	无	微小	—	有
	下凹	无	轻微	较严重	≥4 mm
	壁厚	≥2.2 mm			<2.2 mm
	端面不平整	≤0.3 mm	—	—	>0.3 mm
	锁销损坏	无	损伤或脱落		
	锁销间距	±1.5 mm	>1.5 mm <-1.5 mm		
	锈蚀	无或轻微	有	较严重 (鱼鳞状)	深度 ≥0.3 mm
	立杆(中-中) 尺寸变形	±5 mm	>5 mm <-5 mm		
	下部堵塞	无或轻微	较严重	—	—
	立杆下部长度	≤400 mm	>400 mm	—	
横杆	弯曲	无或轻微	严重	—	—
	裂缝	无	轻微	—	有
	下凹	无或轻微	≤3 mm		>3 mm
	锈蚀	无或轻微	有	较严重	深度 ≥0.3 mm
	壁厚	≥2 mm	—		<2 mm
加强杆	弯曲	无或轻微	有	—	—
	裂缝	无	有	—	—
	下凹	无或轻微	有	—	—
	锈蚀	无或轻微	有	较严重	深度 ≥0.3 mm
其他	焊接脱落	无	轻微缺陷	严重	—

表 D.2.1-2　脚手板质量分类

部位及项目		A 类	B 类	C 类	D 类
脚手板	裂纹	无	轻微	较严重	严重
	下凹	无或轻微	有	较严重	—
	锈蚀	无或轻微	有	较严重	深度≥0.2 mm
	面板厚	≥1.0 mm	—	—	<1.0 mm
搭钩零件	裂纹	无	—	—	有
	锈蚀	无或轻微	有	较严重	深度≥0.2 mm
	铆钉损坏	无	损伤、脱落	—	—
	弯曲	无	轻微	—	严重
	下凹	无	轻微	—	严重
	锁扣损坏	无	损伤、脱落	—	—
其他	脱焊	无	轻微	—	严重
	整体变形、翘曲	无	轻微	—	严重

表 D.2.1-3　交叉支撑质量分类

部位及项目	A 类	B 类	C 类	D 类
弯曲	≤3 mm	>3 mm	—	—
端部孔周裂纹	无	轻微	—	严重
下凹	无或轻微	有	—	严重
中部铆钉脱落	无	有	—	—
锈蚀	无或轻微	有	—	严重

表 D.2.1-4　连接棒质量分类

部位及项目	A 类	B 类	C 类	D 类
弯曲	无或轻微	有	—	严重
锈蚀	无或轻微	有	较严重	深度≥0.2 mm
凸环脱落	无	轻微	—	—
凸环倾斜	≤0.3 mm	>0.3 mm	—	—

表 D.2.1-5　可调底座、可托座质量分类

部位及项目		A 类	B 类	C 类	D 类
螺杆	螺牙缺损	无或轻微	有	—	严重
	弯曲	无	轻微	—	严重
	锈蚀	无或轻微	有	较严重	严重
扳手、螺母	扳手断裂	无	轻微	—	—
	螺母转动困难	无	轻微	—	严重
	锈蚀	无或轻微	有	较严重	严重
其他	翘曲	无或轻微	有	—	—
	与螺杆不垂直	无或轻微	有	—	—
	锈蚀	无或轻微	有	较严重	严重

D.2.2　根据本标准附录 D 表 D.2.1-1～表 D.2.1-5 的规定,周转使用的门架与配件质量类别判定应符合下列规定:

　　1　A 类:表中所列 A 类项目全部符合。

　　2　B 类:表中所列 B 类项目有一项和一项以上符合,但不应有 C 类和 D 类中任一项。

　　3　C 类:表中所列 C 类项目有一项和一项以上符合,但不应有 D 类中任一项。

　　4　D 类:表中所列 D 类项目有任一项符合。

D.3　标　志

D.3.1　门架及配件挑选后,应按质量分类和判定方法分别做上标志。

D.3.2　门架及配件分类经维修、保养、修理后必须标明"检验合格"的明显标志和检验日期,不得与未经检验和处理的门架及配件混放或混用。

D.4 抽样检查

D.4.1 抽样方法:C 类品中,应采用随机抽样方法,不得挑选。

D.4.2 样本数量:C 类样品中,门架或配件总数不大于 300 件时,样本数不得少于 3 件;大于 300 件时,样本数不得少于 5 件。

D.4.3 样品试验:试验项目及试验方法应符合现行行业标准《门式钢管脚手架》JG 13 的有关规定。

附录 E 门式钢管脚手架计算用表

E.0.1 门架几何尺寸及杆件规格应符合下列规定：

1 MF1219 系列门架几何尺寸及杆件规格应符合表 E.0.1-1 的规定。

表 E.0.1-1 MF1219 系列门架几何尺寸及杆件规格

1—立杆；
2—立杆加强杆；
3—横杆；
4—横杆加强杆

门架代号		MF1219	
门架几何尺寸(mm)	h_2	80	100
	h_0	1 930	1 900
	B	1 219	1 200
	b_1	750	800
	h_1	1 536	1 550
杆件外径壁厚(mm)	1	$\Phi 42.0 \times 2.5$	$\Phi 48.0 \times 3.5$
	2	$\Phi 26.8 \times 2.5$	$\Phi 26.8 \times 2.5$
	3	$\Phi 42.0 \times 2.5$	$\Phi 48.0 \times 3.5$
	4	$\Phi 26.8 \times 2.5$	$\Phi 26.8 \times 2.5$

注：表中门架代号含义同现行行业标准《门式钢管脚手架》JG 13。

2 MF0817、MF1017 系列门架几何尺寸及杆件规格应符合表 E.0.1-2 的规定。

表 E. 0. 1-2　MF0817、MF1017 系列门架几何尺寸及杆件规格

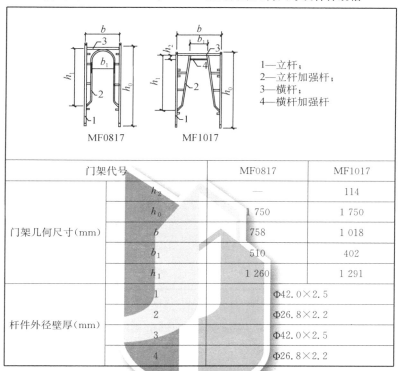

MF0817　　　　　MF1017

1—立杆；
2—立杆加强杆；
3—横杆；
4—横杆加强杆

门架代号		MF0817	MF1017
门架几何尺寸(mm)	h_2	—	114
	h_0	1 750	1 750
	b	758	1 018
	b_1	510	402
	h_1	1 260	1 291
杆件外径壁厚(mm)	1	$\Phi 42.0 \times 2.5$	
	2	$\Phi 26.8 \times 2.2$	
	3	$\Phi 42.0 \times 2.5$	
	4	$\Phi 26.8 \times 2.2$	

注：表中门架代号含义同现行行业标准《门式钢管脚手架》JG 13。

E. 0. 2　扣件规格及重量应符合表 E. 0. 2 的规定。

表 E. 0. 2　扣件规格及重量

规格		重量(标准值)(kg/个)
直角扣件	GKZ48、GKZ48/42、GKZ42	0. 013 5
旋转扣件	GKU48、GKU48/42、GKU42	0. 014 5

E. 0. 3　门架、配件重量宜符合下列规定：

　　1　MF1219 系列门架、配件重量应符合表 E. 0. 3-1 的规定。

表 E.0.3-1　MF1219 系列门架、配件重量

名称	单位	代号	重量(标准值)(kg/个)
门架(Φ42)	榀	MF1219	0.224
门架(Φ42)	榀	MF1217	0.205
门架(Φ48)	榀	MF1219	0.270
交叉支撑	副	G1812	0.040
脚手板	块	P1805	0.184
连接棒	个	J220	0.006
锁臂	副	L700	0.008 5
固定底座	个	FS100	0.010
可调底座	个	AS400	0.035
可调托座	个	AU400	0.045
梯形架	榀	LF1212	0.133
承托架	榀	BF617	0.209
梯子	副	S1819	0.272

注:表中门架代号含义同现行行业标准《门式钢管脚手架》JG 13。

2 MF0817、MF1017 系列门架、配件重量应符合表 E.0.3-2 的规定。

表 E.0.3-2　MF0817、MF1017 系列门架、配件重量

名称	单位	代号	重量(标准值)(kN/个)
门架	榀	MF0817	0.153
门架	榀	MF1017	0.165
交叉支撑	副	G1812、G1512	0.040
脚手板	块	P1806、P1804、P1803	0.195、0.168、0.148
连接棒	个	J220	0.006
安全插销	个	C080	0.001
固定底座	个	FS100	0.010
可调底座	个	AS400	0.035

续表E.0.3-2

名称	单位	代号	重量(标准值)(kN/个)
可调托座	个	AU400	0.045
梯形架	榀	LF1012、LF1009、LF1006	0.111、0.096、0.082
三角托	个	T0404	0.209
梯子	副	S1817	0.250

注:表中门架代号含义同现行行业标准《门式钢管脚手架》JG 13。

E.0.4 门式脚手架用钢管截面几何特性应符合表 E.0.4 的规定。

表 E.0.4 门式脚手架用钢管截面几何特性

钢管外径 d(mm)	壁厚 t (mm)	截面面积 A(cm²)	截面惯性矩 I(cm⁴)	截面模量 W(cm³)	截面回转半径 i(cm)	每米长重量 (标准值)(kN/个)
51	3.0	4.52	13.08	5.13	1.67	35.48
48	3.5	4.89	12.19	5.08	1.58	38.40
42.7	2.4	3.04	6.19	2.90	1.43	23.86
42.4	2.6	3.25	6.40	3.05	1.41	25.52
42.4	2.4	3.02	6.05	2.86	1.42	23.68
42.0	2.5	3.10	6.08	2.83	1.40	24.34
34.0	2.2	2.20	2.79	1.64	1.13	17.25
27.2	1.9	1.51	1.22	0.89	0.90	11.85
26.9	2.6	1.98	1.48	1.10	0.86	15.58
26.9	2.4	1.83	1.40	1.04	0.87	14.50
26.8	2.5	1.91	1.42	1,06	0.86	14.99
26.8	2.2	1.70	1.30	0.97	0.87	13.35

E.0.5 一榀门架的稳定承载力设计值应符合下列规定:

  1 MF1219 系列一榀门架的稳定承载力应符合表 E.0.5-1 的规定。

表 E.0.5-1 MF1219 系列一榀门架的稳定承载力设计值

门架代号		MF1219	
		Φ42.0	Φ48.0
门架高度 h_0(mm)		1 930	1 900
立杆加强杆高度 h_1(mm)		1 536	1 550
立杆换算截面回转半径 i(cm)		1.525	1.652
立杆长细比 λ	$H \leqslant 40$ m	148	135
	$40 < H \leqslant 55$ m	154	140
立杆稳定系数 φ	$H \leqslant 40$ m	0.316	0.371
	$40 < H \leqslant 55$ m	0.294	0.349
钢材强度设计值 f(N/mm²)		205	205
门架稳定承载力设计值 N^d(kN)	$H \leqslant 40$ m	40.16	74.38
	$40 < H \leqslant 55$ m	37.37	69.97

注:1 本表门架稳定承载力系根据本标准表 E.0.1-1 的门架计算,当采用的门架
几何尺寸及杆件规格与本标准表 E.0.1-1 不符合时应另行计算。

2 表中 H 代表脚手架高度。

2 MF0817、MF1017 系列一榀门架的稳定承载力应符合
表 E.0.5-2 的规定。

表 E.0.5-2 MF0817、MF1017 系列一榀门架的稳定承载力设计值

门架代号		MF0817	MF1017
		Φ42.0	Φ42.0
门架高度 h_0(mm)		1 750	1 750
立杆加强杆高度 h_1(mm)		1 260	1 291
立杆换算截面回转半径 i(cm)		1.428	1.507
立杆长细比 λ	$H \leqslant 40$ m	138.71	136
	$40 < H \leqslant 55$ m	144.64	142
立杆稳定系数 φ	$H \leqslant 40$ m	0.354	0.367
	$40 < H \leqslant 55$ m	0.329	0.340

续表E.0.5-2

门架代号		MF0817	MF1017
		Φ42.0	Φ42.0
钢材强度设计值 f(N/mm²)		205	205
门架稳定承载力 设计计值 N^d(kN)	$H \leqslant 40$ m	44.89	46.60
	$40 < H \leqslant 55$ m	41.81	43.21

注:1 本表门架稳定承载力系根据本标准表 E.0.1-2 的门架计算,当采用的门架
几何尺寸及杆件规格与本标准表 E.0.1-2 不符合时应另行计算。
   2 表中 H 代表脚手架高度。

E.0.6 轴心构件的稳定系数 φ(Q235 钢)应符合表 E.0.6 的
规定。

表 E.0.6 轴心构件的稳定系数 φ(Q235 钢)

λ	0	1	2	3	4	5	6	7	8	9
0	1.000	0.997	0.995	0.992	0.989	0.987	0.984	0.981	0.979	0.976
10	0.974	0.971	0.968	0.966	0.963	0.960	0.958	0.955	0.952	0.949
20	0.947	0.944	0.941	0.938	0.936	0.933	0.930	0.927	0.924	0.921
30	0.918	0.915	0.912	0.909	0.906	0.903	0.899	0.896	0.893	0.889
40	0.886	0.882	0.879	0.875	0.872	0.868	0.864	0.861	0.858	0.855
50	0.852	0.849	0.846	0.843	0.839	0.836	0.832	0.829	0.825	0.822
60	0.818	0.814	0.810	0.806	0.802	0.797	0.793	0.789	0.784	0.779
70	0.775	0.770	0.765	0.760	0.755	0.750	0.744	0.739	0.733	0.728
80	0.722	0.716	0.710	0.704	0.698	0.692	0.686	0.680	0.673	0.667
90	0.661	0.654	0.648	0.641	0.634	0.626	0.618	0.611	0.603	0.595
100	0.588	0.580	0.573	0.566	0.558	0.551	0.544	0.537	0.530	0.523
110	0.516	0.509	0.502	0.496	0.489	0.483	0.476	0.470	0.464	0.458
120	0.452	0.446	0.440	0.434	0.428	0.423	0.417	0.412	0.406	0.401
130	0.396	0.391	0.386	0.381	0.376	0.371	0.367	0.362	0.357	0.352
140	0.349	0.344	0.340	0.336	0.332	0.328	0.324	0.320	0.316	0.312

λ	0	1	2	3	4	5	6	7	8	9
150	0.308	0.305	0.301	0.298	0.294	0.291	0.287	0.284	0.281	0.277
160	0.274	0.271	0.278	0.265	0.262	0.259	0.256	0.253	0.251	0.248
170	0.245	0.243	0.240	0.237	0.235	0.232	0.230	0.227	0.225	0.223
180	0.220	0.218	0.216	0.214	0.211	0.209	0.207	0.205	0.203	0.201
190	0.199	0.197	0.195	0.193	0.191	0.189	0.188	0.186	0.184	0.182
200	0.180	0.179	0.177	0.175	0.174	0.172	0.171	0.169	0.167	0.166
210	0.164	0.163	0.161	0.160	0.159	0.157	0.156	0.154	0.153	0.152
220	0.150	0.149	0.148	0.146	0.145	0.144	0.143	0.141	0.140	0.139
230	0.138	0.137	0.136	0.135	0.133	0.132	0.131	0.130	0.129	0.128
240	0.127	0.126	0.125	0.124	0.123	0.122	0.121	0.120	0.119	0.118
250	0.117	—	—	—	—	—	—	—	—	—

E.0.7 轴心构件的稳定系数 φ（Q345 钢）应符合表 E.0.7 的规定。

表 E.0.7　轴心构件的稳定系数 φ（Q345 钢）

λ	0	1	2	3	4	5	6	7	8	9
0	1	0.997	0.994	0.991	0.988	0.985	0.982	0.979	0.976	0.973
10	0.971	0.968	0.965	0.962	0.959	0.956	0.952	0.949	0.946	0.943
20	0.94	0.937	0.934	0.93	0.927	0.924	0.92	0.917	0.913	0.909
30	0.906	0.902	0.898	0.894	0.89	0.886	0.882	0.878	0.874	0.87
40	0.867	0.864	0.86	0.857	0.853	0.849	0.845	0.841	0.837	0.833
50	0.829	0.824	0.819	0.815	0.81	0.805	0.8	0.794	0.789	0.783
60	0.777	0.771	0.765	0.759	0.752	0.746	0.739	0.732	0.725	0.718
70	0.71	0.703	0.695	0.688	0.68	0.672	0.664	0.656	0.648	0.64
80	0.632	0.623	0.615	0.607	0.599	0.591	0.583	0.574	0.566	0.558
90	0.55	0.542	0.535	0.527	0.519	0.512	0.504	0.497	0.489	0.482
100	0.475	0.467	0.46	0.452	0.445	0.438	0.431	0.424	0.418	0.411

续表E.0.7

λ	0	1	2	3	4	5	6	7	8	9
110	0.405	0.398	0.392	0.386	0.38	0.375	0.369	0.363	0.358	0.352
120	0.347	0.342	0.337	0.332	0.327	0.322	0.318	0.313	0.309	0.304
130	0.3	0.296	0.292	0.288	0.284	0.28	0.276	0.272	0.269	0.265
140	0.261	0.258	0.255	0.251	0.248	0.245	0.242	0.238	0.235	0.232
150	0.229	0.227	0.224	0.221	0.218	0.216	0.213	0.21	0.208	0.205
160	0.203	0.201	0.198	0.196	0.194	0.191	0.189	0.187	0.185	0.183
170	0.181	0.179	0.177	0.175	0.173	0.171	0.169	0.167	0.165	0.163
180	0.162	0.16	0.158	0.157	0.155	0.153	0.152	0.15	0.149	0.147
190	0.146	0.144	0.143	0.141	0.14	0.138	0.137	0.136	0.134	0.133
200	0.132	0.13	0.129	0.128	0.127	0.126	0.124	0.123	0.122	0.121
210	0.12	0.119	0.118	0.116	0.115	0.114	0.113	0.112	0.111	0.11
220	0.109	0.108	0.107	0.106	0.106	0.105	0.104	0.103	0.101	0.101
230	0.1	0.099	0.098	0.098	0.097	0.096	0.095	0.094	0.094	0.093
240	0.092	0.091	0.091	0.09	0.089	0.088	0.088	0.087	0.086	0.086
250	0.085	—	—	—	—	—	—	—	—	—

附录 F 轮扣式钢管脚手架主要构配件的制作质量及形位公差要求

表 F 轮扣式钢管脚手架主要构配件的制作质量及形位公差要求

构配件名称	检查项目	公称尺寸(mm)	允许偏差(mm)	检测方式
立杆	长度	600/900/1 200/1 500/1 800/ 2 100/2 400/3 000	±1.5	钢卷尺
	厚度	3.2	±0.32	游标卡尺
	外径	48.3	±0.5	游标卡尺
	轮扣盘间距	600	±0.5	钢卷尺
	杆件垂直度	—	$L/1\,000$	专用量具
横杆	长度	600/900/1 000/1 200/ 1 500/1 800	±0.5	钢卷尺
轮扣盘	厚度	≥8	±0.5	游标卡尺
端插头	厚度	≥10	±0.3	游标卡尺
	下伸长度	≥45	±0.5	游标卡尺
可调托座	托撑板厚度	≥5	±0.2	游标卡尺
	丝杆外径	≥36	±2	游标卡尺
可调底座	底座板厚度	≥6	±0.2	游标卡尺
	丝杆外径	≥36	±2	游标卡尺

附录 G　插槽式钢管脚手架主要构配件的
种类、规格、制作质量及形位公差要求

表 G.0.1　插槽式支架主要构配件种类、规格

名称	型号	规格(mm)	材质
立杆	LG-500	Φ48.3×3.0×500	Q235
	LG-1000	Φ48.3×3.0×1 000	Q235
	LG-1500	Φ48.3×3.0×1 500	Q235
	LG-2000	Φ48.3×3.0×2 000	Q235
	LG-2500	Φ48.3×3.0×2 500	Q235
	LG-3000	Φ48.3×3.0×3 000	Q235
水平杆	SG-300	Φ48.3×3.0×242	Q235
	SG-600	Φ48.3×3.0×542	Q235
	SG-900	Φ48.3×3.0×842	Q235
	SG-1200	Φ48.3×3.0×1 142	Q235
可调底座	DZ-350	Φ38×5.0×350	Q235
可调托座	TZ-600	Φ38×5.0×600	Q235

表 G.0.2　插槽式支架主要构配件的制作质量及形位公差要求

名称	检查项目	公称尺寸(mm)	允许偏差(mm)	检测方式
立杆	长度	—	±1	钢卷尺
	插座间距	500	±1	钢卷尺
	杆件直线度	—	L/1 000	专用量具
	插座和立杆轴线偏差	—	±0.5	角尺、卡尺
	插座与立杆垂直偏差	—	±0.5	角尺、卡尺

名称	检查项目	公称尺寸(mm)	允许偏差(mm)	检测方式
水平杆	长度	—	±1	钢卷尺
	插头平行度	—	±0.5	专用量具
可调底座、托座	托座钢板厚度	5	±0.2	卡尺
	底座钢板厚度	6	±0.2	卡尺
	丝杆外径	Φ38	±2	卡尺

附录 H 脚手架搭设的质量与检验方法

表 H.0.1 固定脚手架搭设的技术要求、允许偏差与检验方法

项次	项目		技术要求	允许偏差 Δ（mm）	示意图			检测方式
1	地基基础	表面	不沉降	－10	—			观察
			坚实平整	—				
		排水	不积水					
		垫板	不晃动					
2	脚手架立杆垂直度	最后验收立杆垂直度（20 m～50 m）	—	±100				经纬仪或吊线和卷尺
		下列脚手架允许水平偏差（mm）						
		搭设中检查偏差的高度（m）			总高度			
					50 m	40 m	20 m	
		$H=2$			±7	±7	±7	
		$H=10$			±20	±25	±50	
		$H=20$			±40	±50	±100	
		$H=30$			±60	±75		
		$H=40$			±80	±100		
		$H=50$			±100			
		中间档次取值用插入法						
3	脚手架间距	步距	—	±20	—			钢板尺
		纵距		±50				
		横距		±20				

123

项次	项目		技术要求	允许偏差 Δ（mm）	示意图	检测方式
4	纵向水平杆高差	一根杆的两端	—	±20		水平仪或水平尺
		同跨内两根纵向水平杆高差	—	±10		
5	剪刀撑斜杆与地面的倾角		45°～60°	—		角尺
6	脚手板外伸长度	对接	a＝(130～150)mm l≤300 mm	—		卷尺
		搭接	a≥100 mm l≥200 mm	—		卷尺

表 H.0.2 支撑架安装质量检验项目、要求和方法

项次	项目		技术要求	检查方法	备注
1	钢管等构配件的质量证明材料		须有检测报告和产品质量合格证等质量证明材料	检查	扣件须提供生产许可证
2	专项施工方案		须有审批手续	检查	—
3	地基基础	承载能力	复核设计要求	检查	对支撑基础须有隐蔽工程验收记录
4		排水性能	排水性能良好	观察	—
5		底座或垫块	无晃动、滑动	观察	—

续表H.0.2

项次	项目		技术要求	检查方法	备注
6	立杆		垂直度≤3‰;底端与垫板或基础面不得有空隙或松动	用经纬仪或垂直线和钢尺,观察检查	—
7	杆件间距	步距	±50 mm	钢卷尺测量	—
8		纵距	±50 mm	钢卷尺测量	—
9		横距	±50 mm	钢卷尺测量	—
10	水平加强层		按设计规定的间距和要求设置	钢卷尺测量	—
11	斜杆或剪刀撑		按设计规定的间距和要求设置	钢卷尺测量	—

附录 J 电梯井、采光井及复合架体搭设要求

J.0.1 对于施工电梯处的脚手:施工电梯外笼两侧与外墙脚手架净间距不小于 300 mm,外墙脚手架与建筑外墙间距至少保证 300 mm 间距,并采用钢丝网在脚手架侧边完全封闭。

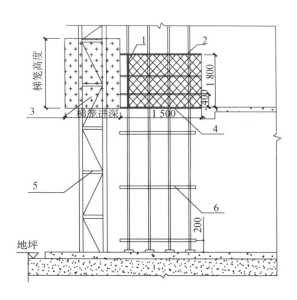

1—防护门;2—防护棚;3—梯笼;4—通道板;5—施工电梯;6—脚手架

图 J.0.1 施工电梯处脚手架布置示意图

J.0.2 电梯井、采光井

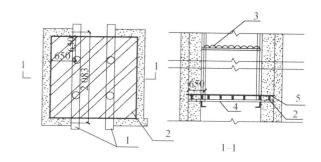

1—槽钢;2—硬隔离;3—软隔离;4—钢管;5—木方

图 J.0.2 电梯井、采光井脚手布置示意图

J.0.3 防护棚

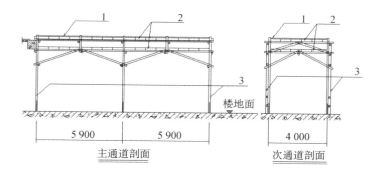

1—彩条布;2—木板;3—密目安全网

图 J.0.3 防护棚示意图

J.0.4 挑网

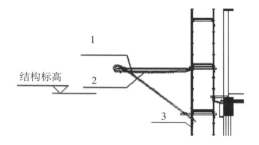

1—外撑槽钢;2—安全平网+密目安全网;3—密目安全网

图 J.0.4 挑网示意图

J.0.5 悬挑脚手(挑阳台处)

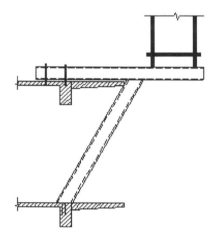

图 J.0.5 挑阳台处悬挑架处理(下撑式)示意图

J.0.6 悬挑脚手（建筑物阳角处）

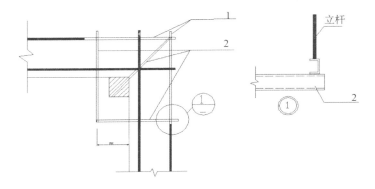

1—加设型钢；2—悬挑型钢

图 J.0.6 建筑物阳角处悬挑处理示意图

J.0.7 悬挑脚手（建筑物阴角处）

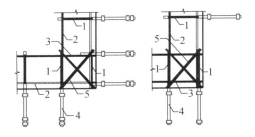

1—脚手；2—水平加固杆；3—连接杆；4—型钢悬挑梁；5—水平剪刀撑

图 J.0.7 建筑物阴角处悬挑处理示意图

本标准用词说明

1 为便于在执行本标准条文时区别对待，对要求严格程度不同的用词说明如下：

1）表示很严格，非这样做不可的用词：

正面词采用"必须"；

反面词采用"严禁"。

2）表示严格，在正常情况下均应这样做的用词：

正面词采用"应"；

反面词采用"不应"或"不得"。

3）表示允许稍有选择，在条件许可时首先应该这样做的用词：

正面词采用"宜"；

反面词采用"不宜"。

4）表示有选择，在一定条件下可以这样做的用词：

正面词采用"可"；

反面词采用"不可"。

2 条文中指定应按其他有关标准执行时，写法为"应按……执行"或"应符合……要求（或规定）"。

引用标准名录

1 《金属材料拉伸试验 第1部分：室温试验方法》GB/T 228.1
2 《碳素结构钢》GB/T 700
3 《钢筋混凝土用钢 第1部分：热轧光圆钢筋》GB 1499.1
4 《低合金高强度结构钢》GB/T 1591
5 《低压流体输送用焊接钢管》GB/T 3091
6 《碳素结构钢和低合金结构钢热轧厚钢板和钢带》GB/T 3274
7 《木结构工程施工质量验收规范》GB 50206
8 《碳钢焊条》GB/T 5117
9 《低合金钢焊条》GB/T 5118
10 《安全网》GB 5725
11 《六角头螺栓 C级》GB/T 5780
12 《梯型螺纹 第2部分：直径与螺距系列》GB/T 5796.2
13 《梯型螺纹 第3部分：基本尺寸》GB/T 5796.3
14 《气体保护电弧焊用碳钢、低合金钢焊丝》GB/T 8110
15 《结构用无缝钢管》GB/T 8162
16 《可锻铸铁件》GB/T 9440
17 《碳钢药芯焊丝》GB/T 10045
18 《一般工程用铸造碳钢件》GB/T 11352
19 《直缝电焊钢管》GB/T 13793
20 《熔化焊用钢丝》GB/T 14957
21 《钢管脚手架扣件》GB 15831
22 《低合金钢药芯焊丝》GB/T 17493
23 《建筑地基基础设计规范》GB 50007

24 《建筑结构荷载规范》GB 50009

25 《混凝土结构设计规范》GB 50010

26 《钢结构设计标准》GB 50017

27 《冷弯薄壁型钢结构技术规范》GB 5 0018

28 《建筑结构可靠度设计统一标准》GB 50068

29 《建筑地基基础工程施工质量验收规范》GB 50202

30 《砌体工程施工质量验收规范》GB 50203

31 《钢结构工程施工质量收规范》GB 50205

32 《租赁模板脚手架维修保养技术规范》GB 50829

33 《建筑施工脚手架安全技术统一标准》GB 51210

34 《门式钢管脚手架》JG 13

35 《施工现场临时用电安全技术规范》JGJ 46

36 《建筑施工安全检查标准》JGJ 59

37 《建筑施工高处作业安全技术规范》JGJ 80

38 《砌筑砂浆配合比设计规程》JGJ 98

39 《建筑施工门式钢管脚手架安全技术规范》JGJ 128

40 《建筑施工扣件式钢管脚手架安全技术规范》JGJ 130

41 《建筑施工模板安全技术规范》JGJ 162

42 《建筑施工木脚手架安全技术规范》JGJ 164

43 《建筑施工碗扣式钢管脚手架安全技术规范》JGJ 166

44 《建筑施工工具式脚手架安全技术规范》JGJ 202

45 《建筑施工承插型盘扣式钢管支架安全技术规程》
JGJ 231

46 《建筑施工临时支撑结构技术规范》JGJ 300

47 《地基基础设计标准》DGJ 08—11

48 《悬挑式脚手架安全技术标准》DG/TJ 08—2002

49 《钢管扣件式模板垂直支撑系统安全技术规程》DG/TJ
08—16

上海市工程建设规范

建筑工程固定脚手架及支撑架技术标准

DG/TJ 08—2384—2022
J 16643—2022

条 文 说 明

2023 上海

目 次

Contents

2 术语和符号

2.1 术 语

2.1.1、2.1.2 现行国家标准《建筑施工脚手架安全技术统一标准》GB 51210 中,对脚手架、作业脚手架以及支撑架分别给出了相应的术语:

脚手架 scaffold:由杆件或结构单元、配件通过可靠连接而组成,能承受相应荷载,具有安全防护功能,为建筑施工提供作业条件的结构架体,包括作业脚手架和支撑架。

作业脚手架 operation scaffold:由杆件或结构单元、配件通过可靠连接而组成,支撑于地面、建筑物上或附着于工程结构上,为建筑施工提供作业平台和安全防护的脚手架,包括以各类不同杆件(构件)和节点形式构成的落地作业脚手架、悬挑脚手架、附着式升降脚手架等。简称作业架。

支撑架 supporting scaffold:由杆件或结构单元、配件通过可靠连接而组成,支承于地面或结构上,可承受各种荷载,具有安全保护功能,为建筑施工提供支撑和作业平台的脚手架,包括以各类不同杆件(构件)和节点形式构成的结构安装支撑架、混凝土施工用模板支撑架等。

本标准在国家标准的基础上进行补充和细化,并将各类脚手架之间关系梳理形成图 1。

脚手架 { 作业脚手架(简称作业架) { 固定作业脚手架 / 升降作业脚手架 / 防护架 // 支撑脚手架(简称支撑架)

图 1 脚手架类型

2.1.4 承插型盘扣式钢管支架由立杆、水平杆、斜杆、可调底座及可调托座等构配件构成。根据其用途,可分为模板支架和脚手架两类。

2.1.6～2.1.9 参照了现行行业标准《建筑施工扣件式钢管脚手架安全技术规范》JGJ 130、《建筑施工承插型盘扣式钢管支架安全技术规程》JGJ 231、《建筑施工碗扣式钢管脚手架安全技术规范》JGJ 166、《建筑施工门式钢管脚手架安全技术规范》JGJ 128、《建筑施工木脚手架安全技术规范》JGJ 164,以及现行上海市地方标准《轮扣式钢管脚手架安全技术规程》DB44/T 1876、《建筑施工承插型插槽式钢管支架安全技术规程》DB33/T 1117、《悬挑式脚手架安全技术标准》DG/TJ 08—2002 中相关术语。

3 基本规定

3.0.2 本条参照了现行国家标准《建筑施工脚手架安全技术统一标准》GB 51210 第 3.1.1 条。脚手架的搭设和拆除作业是一项对技术性、安全性要求很高的工作,专项施工方案是指导脚手架搭拆作业的技术文件。如果无专项施工方案而盲目进行脚手架的搭拆作业,极易引发安全事故。

3.0.3～3.0.5 对脚手架设计、构造、连接、搭设与拆除、使用与维护的总体要求,也是今后脚手架的发展方向。

3.0.6 本条参照现行国家标准《建筑施工脚手架安全技术统一标准》GB 51210 中第 3.2 节。

4 材料与构配件

4.1 一般规定

4.1.1～4.1.6 对脚手架主要构配件的材质提出具体要求,并应符合现行国家标准及行业标准的规定。

各类材料构配件的品种、规格、技术要求、产品标志及型号规格表示方法等在现行国家标准或行业标准中均有规定。新研制的构配件技术性能应通过试验确定,是因为脚手架的构配件受力比较复杂,很难通过理论计算准确确定其承载力,有些构配件即使通过理论计算得出承载力等技术指标,也需要通过试验来验证。

铸铁或铸钢制作的构配件材质是按照架体管材为 Q235 级钢时考虑的。当架体用管材为 Q345 级钢时,应适当提高。

架体结构的连接采用定型化节点,如扣件式、盘扣式、碗扣式、门式、轮扣式以及插槽式,应符合相应的现行国家标准及行业标准的规定。

架体结构采用焊接或是螺栓连接方式,应按现行国家标准及行业标准执行。

脚手板宜采用钢笆制作,并应符合现行国家标准及行业标准的规定。

脚手架的构配件具有良好的互换性,是因为脚手架的构配件必须规格、型号一致,配套统一,才能保证搭设方便快捷,满足各种组架工艺和施工要求,这对构配件制作精度提出了较严格的要求。如果构配件制作精度达不到标准,则会出现组配困难、搭设的架体超过允许误差等现象。

4.2 扣件式钢管脚手架

4.2.1～4.2.5 对扣件式钢管脚手架主要构配件提出具体要求，并应符合相应的现行国家标准及行业标准的规定。

4.3 盘扣式钢管脚手架

4.3.1～4.3.17 对盘扣式钢管脚手架主要构配件提出具体要求，并应符合相应的现行国家标准及行业标准的规定。

4.4 碗扣式钢管脚手架

4.4.1～4.4.6 对碗扣式钢管脚手架主要构配件提出具体要求，并应符合相应的现行国家标准及行业标准的规定。

4.5 门式钢管脚手架

4.5.1～4.5.8 对门式钢管脚手架主要构配件提出具体要求，并应符合相应的现行国家标准及行业标准的规定。

4.6 轮扣式钢管脚手架

4.6.1～4.6.9 对轮扣式钢管脚手架主要构配件提出具体要求，并应符合相应的现行国家标准及行业标准的规定。

4.7 插槽式钢管脚手架

4.7.1～4.7.15 对插槽式钢管脚手架主要构配件提出具体要

求,并应符合相应的现行国家标准及行业标准的规定。

4.8 悬挑式脚手架

4.8.1~4.8.4 对悬挑式脚手架主要构配件提出具体要求,并应符合相应的现行国家标准及行业标准的规定。

5 荷载与组合

5.1 荷载的分类及标准值

5.1.1～5.1.3 根据现行国家标准《建筑结构荷载规范》GB 50009的规定,将脚手架的荷载划分为永久荷载和可变荷载两大类。

脚手板、安全网、栏杆等划为永久荷载,是因为这些附件的设置虽然随施工进度变化,但对用途确定的脚手架来说,它们的重量、数量也是确定的。

建筑材料及堆放物含钢筋、模板、混凝土、钢结构件等,将其划分为永久荷载,是因为其荷载在架体上的位置和数量是相对固定的,但对于超过浇筑面高度的堆积混凝土,建议按可变荷载计算。

可变荷载分为施工荷载、风荷载和其他可变荷载。其中,施工荷载是指人和随身携带的小型机具自重荷载及架体上少量临时存放的材料自重荷载(不超过$1~kN/m^2$);其他可变荷载是指除施工荷载、风荷载以外的其他所有可变荷载,包括振动荷载、冲击荷载、架体上移动的机具荷载等,应根据实际情况累计计算。

5.1.4～5.1.6 条文中的规定对永久荷载和可变荷载标准值取值的确定方法,具有普遍意义。

永久荷载标准值的取值原则上是按材料、构配件的自重值取值,如果采用抽样实测的方法测定其荷载标准值,一般是采用自重检测法进行测量。

本标准第5.1.5条第1款、第2款是固定脚手架施工荷载取值的规定。通过广泛的调研,对固定脚手架施工荷载标准值取值

作了一定调整,主要是依据以下理由:

1 原固定脚手架结构施工荷载标准值取值为 3 kN/m²,是根据主体砌筑用脚手架制定的。墙体砌筑作业时,脚手架作业层上需堆放砖块,摆放砂浆桶,甚至是推车,故规定取施工荷载标准值为 3 kN/m²。随着科学技术的发展,现行的建筑主体结构施工工艺已发生了重大改变,已不在固定脚手架上大量堆放建筑材料。

2 混凝土结构和其他主体结构施工时,固定脚手架主要是作为操作人员的作业平台,作业层上一般只有作业人员和其使用的工具及少量材料荷载,此时仍取 3 kN/m² 则显然偏大。

3 有专家提出,在混凝土结构施工和装修施工时,固定脚手架施工荷载标准值取为 1 kN/m²～1.5 kN/m²;考虑施工时的具体情况,本标准确定施工荷载标准值取值为 2.0 kN/m²。

本标准强调脚手架施工荷载标准值的取值要根据实际情况确定,对于特殊用途的脚手架,应根据架上的作业人员、工具、设备、堆放材料等因素综合确定施工荷载标准值的取值。

本标准第 5.1.5 条第 3 款是支撑架施工荷载标准值取值的规定。通过广泛征求意见,在传统的支撑架施工荷载标准值的取值水平基础上有所调整和增加,这与施工现场的实际情况是符合的。本标准规定了支撑架施工荷载标准值最低不应低于 2.0 kN/m²,应遵照执行。

应注意的是,支撑架施工荷载标准值的取值大小与施工方法相关。如空间网架或空间桁架结构安装施工,当采用高空散装法施工时,施工荷载是均匀分布的;当采用地面组拼后分段整体吊装法施工时,分段吊装组拼安装节点处支撑架所承受的施工荷载是点荷载,应单独计算,并对支撑架局部应采取加强措施。

振动、冲击物体荷载标准值是按物体的自重乘以动力系数取值,这是将动荷载转化为静荷载来处理的一种方法。

5.1.7 根据现行国家标准《建筑结构荷载规范》GB 50009 的规

定并参考国外同类标准给出公式（1）。现行国家标准《建筑结构荷载规范》GB 50009 规定,建筑物表面的风荷载标准值 ω_k 按下式计算:

$$\omega_k = \beta_Z \mu_z \mu_s \omega_0 \tag{1}$$

式中:β_Z ——高度处的风振系数,用于考虑风压脉动对结构的影响,脚手架是附在建筑物上的,取 $\beta_Z = 1.0$;

μ_z ——风压高度变化系数;

μ_s ——风荷载体型系数;

ω_0 ——基本风压(kN/m^2)。

条文中 ω_0 值是按重现期 10 年确定,脚手架使用期一般为 1 年～3 年,相对来说,遇到强风的概率要小得多,是偏于安全的。

固定脚手架是附在主体结构上设置的框架结构,风荷载对其作用的分布情况比较复杂,与固定脚手架的背靠建筑物的状况及固定脚手架采用的围护材料、围护状况有关,表 5.1.7 给出的全封闭固定脚手架风荷载体型系数,是根据现行国家标准《建筑结构荷载规范》GB 50009 的规定给出的。根据有关试验表明,固定脚手架在采用密目式安全网全封闭状况下,其挡风系数 $\varphi_s \approx 0.7$,考虑密目式安全网挂灰等因素,本标准中取 $\varphi_s = 0.8$。当固定脚手架背靠全封闭墙时, $\mu_s = 1.0 \varphi_s$;当固定脚手架背靠敞开、框架和开洞墙时, $\mu_s = 1.3 \varphi_s$,最大值超过 1.0 时,取 $\mu_s = 1.0 \varphi_s$。

按照现行国家标准《建筑结构荷载规范》GB 50009 的规定,风荷载对敞开式支撑架整体作用的水平荷载标准值,应按空间桁架整体风荷载体型系数 μ_{stw} 计算, μ_{stw} 计算表达式为

$$\mu_{stw} = \mu_{st} \cdot \frac{1 - \eta^n}{1 - \eta} \tag{2}$$

式中:μ_{st} ——单榀桁架的风荷载体型系数;

φ_s ——脚手架挡风系数, $\varphi_s = 1.2 \dfrac{A_n}{A_w}$;

A_n——脚手架迎风面挡风面积(mm^2);

A_w——脚手架迎风面面积(mm^2);

η——系数,据 φ_s 及 $\dfrac{l}{b}$ 值由现行国家标准《建筑结构荷载规范》GB 50009 查得;

n——桁架榀数;

b——脚手架的宽度(mm);

l——脚手架的跨距(mm)。

应注意的是,表 5.1.7 中所列的脚手架封闭状态,其中:固定脚手架只有全封闭一种状态,而无敞开、半封闭状态,这也意味着今后不允许使用敞开、半封闭固定脚手架;支撑架的架体是敞开式的,架上作业层栏杆是封闭的。

5.1.8 一般脚手架结构在风荷载标准值计算时,均不需考虑风振系数。对于高耸固定脚手架、悬挑和跨空支撑架、搭设在超高部位的脚手架等,应考虑风振系数的影响。

5.2 荷载组合

5.2.2 根据现行国家标准《建筑结构荷载规范》GB 50009 的规定,脚手架按承载能力极限状态设计,应取荷载的基本组合进行荷载组合,而不考虑短暂作用、偶然作用、地震荷载作用组合。只要是按本标准的规定对荷载进行基本组合计算,脚手架结构是安全的。

   1 对固定脚手架荷载基本组合的列出,其主要依据有以下几点:

   ① 对于落地作业脚手架,主要是计算水平杆抗弯强度及连接强度、立杆稳定承载力、连墙件强度及稳定承载力、立杆地基承载力;对于悬挑式脚手架,除上述架体计算内容外,主要是计算悬挑支承结构强度、稳定承载力及锚固;对于附着式升降脚手架,除架

体计算与落地作业脚手架相同外,主要是计算水平支承桁架及固定吊拉杆强度、竖向主框架及附墙支座强度、稳定承载力。理论分析和试验结果表明,当搭设架体的材料、构配件质量合格,结构和构造应符合脚手架相关的国家现行标准的规定,剪刀撑等加固杆件、连墙件按要求设置的情况下,上述计算内容满足安全承载要求,则架体也满足安全承载要求。

② 水平杆件一般只进行抗弯强度和连接强度计算,可不组合风荷载。

③ 理论分析和试验结果表明,在连墙件正常设置的条件下,落地作业脚手架破坏均属于立杆稳定破坏,故只计算作业脚手架立杆稳定项目。悬挑式脚手架除架体的悬挑支承结构外,其他计算都与落地作业脚手架相同,作用在悬挑支承结构上的荷载即为作业脚手架底部立杆的轴向力。

④ 根据理论分析表明,悬挑式脚手架悬挑支承结构的强度、稳定应同时满足才能符合安全承载要求。当采用型钢作为悬挑梁时,只要型钢梁的抗弯强度和稳定承载力满足,即可满足安全承载要求,其抗剪强度、弯剪强度不起控制作用。

⑤ 连墙件荷载组合中除风荷载外,还包括附加水平力 N_u,这是考虑到连墙件除受风荷载作用外,还受到其他水平力作用,主要是两个方面:

作业脚手架的荷载作用对于立杆来说是偏心的,在偏心力作用下,作业脚手架承受着倾覆力矩的作用,此倾覆力矩由连墙件的水平反力抵抗。

连墙件是被用作减小架体立杆轴心受压构件自由长度的侧向支撑,承受支撑力。

综合以上两因素,因精确计算以上两水平力目前还难以做到,根据以往经验,标准中给出固定值 N_0。

2 支撑架荷载基本组合的列出,其主要依据有以下几点:

① 对于支撑架的设计计算主要是水平杆抗弯强度及连接强

度、立杆稳定承载力、架体抗倾覆、立杆地基承载力。理论分析和试验结果表明,在搭设材料、构配件质量合格,架体构造符合本标准和脚手架相关的国家现行标准的要求,剪刀撑或斜撑杆等加固杆件按要求设置的情况下,上述 4 项计算满足安全承载要求,则架体也满足安全承载要求。

② 根据现行国家标准《建筑结构荷载规范》GB 50009 的规定,在支撑架荷载的基本组合中,应有由永久荷载控制的组合项,而且当永久荷载值较大的情况下(如混凝土模板支撑架上混凝土板的厚度或梁的截面较大),由永久荷载控制的组合值起控制作用。根据分析得知,当永久荷载效应/可变荷载效应≥2.8 时,应按永久荷载控制组合进行荷载组合;当永久荷载效应/可变荷载效应<2.8 时,应按可变荷载控制组合进行荷载组合。

③ 规定模板支撑架立杆地基承载力计算时不组合风荷载,是因为在混凝土浇筑前,风荷载对地基承载力不起控制作用,当混凝土浇筑后,风荷载所产生的作用力已通过模板及混凝土构件传给了建筑结构。

④ 支撑架整体稳定只考虑风荷载作用的一种情况,这是因为对于如混凝土模板支撑架,因施工等不可预见因素所产生的水平力与风荷载产生的水平力相比,前者不起控制作用。如果混凝土模板支撑架上安放有混凝土输送泵管,或支撑架上有较大集中水平力作用时,架体整体稳定应单独计算。

3 在进行立杆和水平杆的验算时,同时作业层数的荷载取值之和,仅关系到立杆受力计算的荷载。水平杆的安全验算仍可按 1 层作业的施工荷载标准取值,而立杆受力计算的荷载按同时作业层数的倍数取值。

5.2.3 根据现行国家标准《建筑结构荷载规范》GB 50009 的规定,对脚手架正常使用极限状态,应按荷载的标准组合进行荷载组合。

脚手架正常使用极限状态的设计计算只涉及水平受弯杆件挠度,在进行荷载组合计算时,可变荷载和风荷载不参与组合。

6 设计计算

6.1 一般规定

6.1.1～6.1.3 此三条所规定的设计方法,均与现行国家标准《冷弯薄壁型钢结构技术规范》GB 50018、《钢结构设计标准》GB 50017 一致。荷载分项系数根据现行国家标准《建筑结构荷载规范》GB 50009 规定采用。其中,悬挑式脚手架的型钢支承架的受力,永久荷载一定程度上控制着荷载效应的组合,同时考虑到外悬挑脚手架受外界环境因素的影响较大,宜适当提高安全度,故根据现行国家标准《建筑结构荷载规范》GB 50009 规定,取永久荷载的分项系数为 1.35。

　　脚手架与一般结构相比,其工作条件具有以下特点:

　　1 所受荷载变异性较大。

　　2 扣件连接节点属于半刚性,且节点刚性大小与扣件质量、安装质量有关,节点性能存在较大变异。

　　3 脚手架结构、构件存在初始缺陷,如杆件的初弯曲、锈蚀、搭设尺寸误差、受荷偏心等均较大。

　　4 与墙的连接点,对脚手架的约束性变异较大。

　　到目前为止,对以上问题的研究缺乏系统积累和统计资料,不具备独立进行概率分析的条件,故对结构抗力乘以小于 1 的调整系数 $\frac{1}{r_{R}}$,其值系通过与以往采用的安全系数进行校准从而确定。因此,本标准采用的设计方法在实质上是属于半概率、半经验的。

　　脚手架和脚手支撑架满足本标准规定的构造要求是设计计算的基本条件。

此处给出挑梁、拉杆、斜撑等材料附墙图(图 2、图 3)供参考。

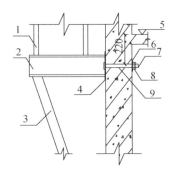

1—盘扣立杆;2—工字钢;3—槽钢;4—端承板;5—H(结构板面标高);
6—垫片 2 块;7—高强螺栓;8—双螺母紧固;9—预留孔洞

图 2　悬挑钢梁下撑锚固详图

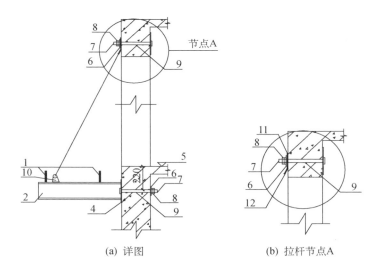

(a) 详图　　　　　　　　　(b) 拉杆节点A

1—盘扣立杆;2—工字钢;3—槽钢;4—端承板;5—H(结构板面标高);6—垫片 2 块;
7—高强螺栓;8—双螺母紧固;9—预留孔洞;10—耳板;11—铁板;12—花篮螺杆

图 3　悬挑钢梁上拉锚固详图

6.2 固定脚手架设计

6.2.1、6.2.2 整体失稳是脚手架的主要破坏形式,为便于实际应用,可以用单根杆件计算的形式来验算脚手架的整体稳定承载力。有限元计算表明,整体失稳破坏时,脚手架呈现出内、外立杆与水平杆组成的横向框架,沿垂直主体结构方向大波鼓曲,波长大于步距,并与连墙件的间距有关。立杆计算长度附加系数 k 和脚手架整体稳定性的立杆计算长度系数 μ,可根据实际搭设脚手架的形式参考现行行业标准《建筑施工承插型盘扣式钢管支架安全技术规程》JGJ 231、《建筑施工工具式脚手架安全技术规范》JGJ 202、《建筑施工扣件式钢管脚手架安全技术规范》JGJ 130、《建筑施工碗扣式钢管脚手架安全技术规范》JGJ 166 等进行取值。

6.2.3～6.2.5 对受弯构件计算规定的说明:

    1 关于计算跨度取值,纵向水平杆取立杆纵距,横向水平杆取立杆横距,便于计算也偏于安全。

    2 内力计算不考虑扣件的弹性嵌固作用,将扣件在节点处抗转动约束的有利作用作为安全储备。这是因为,影响扣件抗转动约束的因素比较复杂,如扣件螺栓拧紧扭力矩大小、杆件的线刚度等。根据目前所做的一些实验结果,提出作为计算定量的数据尚有困难。

    3 纵向、横向水平杆自重与脚手板自重相比甚小,可忽略不计。

    4 为保证安全可靠,纵、横向水平杆的内力(弯矩、支座反力)应按不利荷载组合计算。

6.2.6 国内外发生的脚手架倒塌事故,几乎都是连墙件设置不合理或脚手架拆除过程中连墙件先被拆除引起的,为此承插型盘扣式脚手架计算的重要内容是连墙件的计算。连墙件承受的轴向力包括风荷载作用以及施工偏心荷载作用产生的水平力两部分,连墙件应为可承受的轴向拉力或轴向压力的刚性拉杆,因此需要分别验算连墙件的强度及稳定性。

6.2.10 本条根据现行国家标准《冷弯薄壁型钢结构技术规范》GB 50018 及《钢结构设计标准》GB 50017 对容许挠度值提出规定。

6.2.11 满堂脚手架设计时,应选取最不利的门架单元进行计算。满堂脚手架的用途较多,计算单元的选取应按架体高度、门架跨距和间距、架上有无集中荷载、架体构造及搭设方法有无变化等多种因素综合考虑选取最不利的计算单元,有时需选取多个计算单元进行验算。

6.3 支撑架设计

6.3.2 纵向、横向水平杆的抗弯强度,采用现行国家标准《钢结构设计标准》GB 50017 中的相关公式进行验算,只考虑杆件单向弯曲,不考虑塑性开展。

6.3.3 节点抗剪强度必须进行验算,是因为纵向、横向水平杆上的荷载通过连接节点传给立杆,所以节点强度必须保证。扣件式节点的抗剪强度设计值参考了现行行业标准《建筑施工扣件式钢管脚手架安全技术规范》JGJ 130,碗扣节点的抗剪强度设计值参考了现行行业标准《建筑施工碗扣式钢管脚手架安全技术规范》JGJ 166,承插节点的抗剪强度设计值参考了现行行业标准《建筑施工承插型盘扣式钢管支架安全技术规程》JGJ 231。

6.3.5 本条规定了不同类型的支撑结构纵向、横向水平杆简化计算时的计算模型以及弯矩、剪力、挠度的计算方法。

6.3.6 当只考虑竖向荷载作用时,立杆按轴压构件计算;当考虑竖向荷载和水平荷载(如风荷载)作用时,立杆按压弯构件计算。当采用现行国家标准《钢结构设计标准》GB 50017 中轴压构件和压弯构件稳定性验算方法时,不考虑杆件的塑性开展。

6.3.7 本条规定了立杆轴力设计值计算时的荷载效应组合。组合风荷载时,应考虑风荷载引起的立杆轴力。

6.3.8 风荷载作用于支撑结构,会增加立杆的轴力。本条规定了风荷载作用于支撑结构上引起立杆轴力的计算方法。公式是依据规整矩形平面支撑结构推导得到的,同时假定支撑结构的立杆在荷载作用下不脱离地面。此外,被支撑结构的风荷载(主要指混凝土结构的侧模承受的风荷载)对支撑结构的影响应另行考虑。

本条对不同类型的支撑结构分别推导了在风荷载作用下的立杆轴力公式。

1 无剪刀撑支撑结构风荷载引起的立杆轴力计算简图如图 4 所示,迎风面和背风面立杆轴力最大。

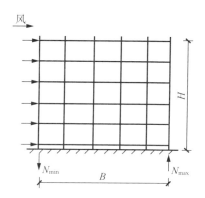

图 4 无剪刀撑结构风荷载引起的立杆轴力图

2 有剪刀撑支撑结构风荷载引起的立杆轴力计算,风荷载作用于有剪刀撑支撑结构,由于剪力滞后效应,迎风面和背风面纵向、横向竖向剪刀撑面相交处的立杆轴力发生变化。

6.3.9 本条规定了立杆弯矩设计值计算时的荷载效应组合。组合风荷载时,应考虑风荷载引起的弯矩。

风荷载引起的立杆弯矩分两种情况：一是风荷载直接作用于立杆引起的立杆节间局部弯矩，二是风荷载作用于支撑结构引起的立杆弯矩。

1 有剪刀撑支撑结构应计算风荷载直接作用于立杆引起的立杆节间局部弯矩，如图 5 所示。

2 对于无剪刀撑支撑结构，不仅要考虑风荷载直接作用于立杆引起的立杆节间局部弯矩，同时应考虑风荷载作用于独立支撑结构引起的立杆弯矩，如图 6 所示。

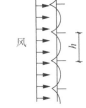

图 5 立杆节间局部弯矩立面图

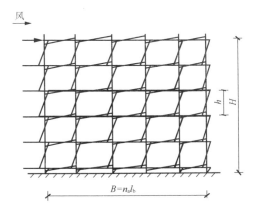

图 6 风荷载作用于无剪刀撑支撑结构引起的立杆弯矩图

6.3.10 支撑结构与既有结构可靠连接时，风荷载作用于支撑结构引起的立杆轴力和弯矩可不考虑，但应考虑风荷载直接作用于立杆上引起的立杆节间局部弯矩。

6.3.11 支撑结构的计算长度系数 μ 按照现行行业标准《建筑施工临时支撑结构技术规范》JGJ 300 附录表 B-2、表 B-4 和表 B-6 执行。

6.3.12 本条规定了有剪刀撑支撑结构的单元框架立杆计算长度的计算方法。单元框架的失稳通常表现为整体失稳，而不是单根立杆的局部失稳。理论分析表明,单元框架的计算长度系数主要与 K、n_x、α_x 及节点连接形式有关。其中,K 为刚度比,即立杆步距内的线刚度与 y 向节点等效转动刚度之比;n_x 为单元框架的 x 向跨数;α_x 为单元框架 x 向跨距与步距 h 之比。同时,由于支撑结构水平杆与立杆的连接形式不同,可分为水平杆连续和水平杆不连续两种情形,现行行业标准《建筑施工临时支撑结构技术规范》JGJ 300 附录 B 表 B-3 及表 B-4 分别给出了对应的计算长度系数。采用扣件式节点连接的有剪刀撑框架式支撑结构可参照水平杆连续的情形计算,采用碗扣式或承插式节点连接的有剪刀撑框架式支撑结构可参照水平杆不连续的情形计算。

分析表明,支撑结构高度增加会使计算长度系数 μ 有所增大,因此需要考虑支撑结构高度对计算长度系数的修正,即高度修正系数。

另外,悬臂长度(或扫地杆高度)过大时,可能对支撑结构的稳定性起控制作用。本标准给出了有剪刀撑支撑结构的扫地杆高度与悬臂长度修正系数 A 的计算表格。

6.3.14 局部失稳为单根立杆的节间波形失稳,扫地杆高度和悬臂长度均对局部失稳有影响。本条规定了有剪刀撑支撑结构中单元架体进行局部稳定性验算时立杆计算长度的计算公式。

6.3.15 本条规定了加密的有剪刀撑支撑结构稳定承载力的计算方法,其承载力通过稳定系数反映。分析表明,当加密区立杆间距加密 1 倍(但步距不加密)时,加密区立杆的稳定系数约为未加密时的 0.8 倍;当加密区立杆间距加密 1 倍、步距也加密 1 倍时,加密区立杆的稳定系数约为未加密时的 1.2 倍。

6.3.18 支撑结构支撑于地基土上时,应根据现行国家标准《建筑地基基础设计规范》GB 50007 对支撑结构下的地基土情况进行地基承载能力计算。当地基土均匀时,一般可不进行地基的变形验算。当对地基变形量有要求时,则应采取措施加以控制。

7 构造要求

7.1 一般规定

7.1.1 脚手架地基和基础的施工尚需考虑下列内容：

    1 搭设场地应坚实、平整，地面应硬化；应有排水措施，防止产生不均匀沉降。地基承载力应满足受力要求。

    2 在地基上应设置具有足够强度和支撑面积的垫板。

    3 混凝土结构上应设置可调底座或垫板。

    4 立杆垫板或底座底面标高宜高于自然地坪 50 mm～100 mm。

    5 对于承插型盘扣式脚手架，当地基高差较大时，可利用立杆 0.5 m 节点位差配合可调底座进行调整(图 7)。

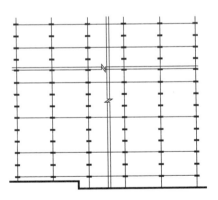

图 7 可调底座调整立杆连接盘示意

    6 对于碗扣式脚手架，当地基高低差较大时，可利用立杆

0.6 m 节点位差进行调整。

7.2 扣件式钢管脚手架构造

7.2.1 本条规定了脚手架高度不宜超过 50 m,具体依据如下:

1 根据国内工程实践经验及调查研究,立杆采用单管的落地脚手架一般在 50 m 以下。当需要的搭设高度大于 50 m 时,出于慎重起见都设置了加强措施,如采用双管立杆、分段卸荷、分段搭设等方法。国内在脚手架的分段搭设、分段卸荷方面已经积累了许多可靠、行之有效的方法和经验。

2 从经济方面考虑。当搭设高度超过 50 m 时,钢管、扣件的周转使用率降低,脚手架的地基基础处理费用也会增加。

3 参考国外的经验。美国、德国、日本等国家也对落地脚手架的搭设高度进行了限制,如美国的常规搭设高度为 50 m,德国为 60 m,日本为 45 m 等。

高度超过 50 m 的脚手架,采用双管立杆(或双管高度取架高的 2/3)搭设或分段卸荷等有效措施,应根据现场实际工况条件,进行专门设计及论证。

7.2.3 对搭接长度的规定与立杆相同,但中间比立杆多一个旋转扣件,以防止上面搭接杆在竖向荷载作用下产生过大的变形;纵向水平杆设置的相关规定,主要根据现场使用情况提出。

纵向水平杆设在立杆内侧,可以减小横向水平杆跨度,接长立杆和安装剪刀撑时比较方便,使高处作业更为安全。

7.2.4 横向水平杆是构成脚手架空间框架必不可少的杆件,因此本条规定,在主节点处严禁拆除横向水平杆。现场调查表明,该杆挪作他用的现象十分普遍,致使立杆的计算长度成倍增大,承载能力下降。这正是造成脚手架安全事故的重要原因之一。

7.3 盘扣式钢管脚手架构造

7.3.2 本条规定了双排外脚手架的剪刀撑设置方法,可用斜杆或扣件钢管设置。

7.3.4 双排脚手架设置水平层斜杆是为保证平面刚度,参照德国的做法,按每 5 跨设置 1 个斜杆。

7.3.10 本条规定了高大模板支架最顶层的水平杆步距比标准步距缩小 1 个盘扣间距,以保证支架立杆的局部稳定性。

7.4 碗扣式钢管脚手架构造

7.4.1 本条列出了常用双排脚手架结构的设计尺寸和对应的允许搭设高度,对有关条件说明如下:

 1 表中所列的步距、立杆纵横间距主要参照我国碗扣式钢管脚手架的长期使用经验数据。

 2 不同立杆间距的水平杆抗弯承载力、挠曲变形、碗扣节点抗滑,均根据二层作业层上的施工荷载规定进行了核算。

 3 按给定的构造要求和施工条件计算出双排脚手架允许搭设高度限值,即平常所说的限高,供施工参考。

7.5 门式钢管脚手架构造

7.5.1 本条对门式钢管脚手架门架的设置进行了规定:

 1 门架及其配件均为定型产品,门式钢管脚手架的跨距应根据门架配件规格尺寸确定,现行行业产品标准《门式钢管脚手架》JG 13 对交叉支撑、脚手板等配件规格均有规定。本条强调门架与配件的规格应配套统一,并符合标准,其尺寸误差在允许的范围之内。搭设时,要能保证门架的互换性,在各种组合的情况下,门架与门架、门架与配件均能处于良好的连接、锁紧状态。

2 在现行行业产品标准《门式钢管脚手架》JG 13中,门架、配件的型号是根据各自尺寸规格确定的,不同型号的门架与配件,因其尺寸规格不同,不能相互搭配使用。如果使用不同型号的门架与配件搭设架体,会出现无法组配安装,或组配安装后的架体因误差过大而降低承载力的情况。

3 经试验表明,如果上下榀门架立杆轴线偏差较大,就会使搭设的架体产生过大的初始移位偏差而影响架体的承载力,因此本标准规定上下榀门架的立杆轴线偏差不应大于2 mm。

4 离墙距离是指门架内立杆离建筑结构边缘的距离,规定不大于150 mm是为保证施工安全,但遇有阳台等突出墙面的结构,可在脚手架内侧设挑架板或采取其他防护措施。

5 脚手架顶端栏杆高出女儿墙或檐口上皮,是安全防护的需要,搭设时遇有屋面挑檐的情况时,可采用承托架搭设。设承托架的位置应设连墙件。

7.5.2 本条对门式钢管脚手架的配件构造进行了规定:

1 门架是靠配件将其连接起来的,配件如果与门架不配套,则会出现架体无法搭设或因搭设的架体误差过大而导致承载力严重下降。

2 上下榀门架立杆连接是依靠内插定型的连接棒连接的,为保证搭设的架体上下榀门架立杆在同一轴线上,除搭设时认真操作外,还应控制连接棒与门架立杆之间的配合间隙,这样也有利于提高架体的稳定承载力。经国内中南大学试验结果证明,当门架立杆内径为37.6 mm时,分别采用34.0 mm、35.5 mm的连接棒组装架体,后者的承载力可提高19%。

3 脚手板上孔洞的内切圆直径,是指当脚手板的面板采用打孔钢板或钢板网等带有孔洞的面板时,在孔洞内可做一内切圆,这个内切圆直径应小于或等于25 mm。

7.5.3 剪刀撑是保证和提高门式脚手架整架纵向刚度的重要构

造措施,本条是在总结我国门式钢管脚手架施工经验的基础上提出的。

7.5.5 水平加固杆是增加脚手架纵向刚度的重要配件,连续设置形成水平闭合圈起到的作用更大。试验结果证明,水平加固杆对架体刚度的增强作用优于水平架,鉴于目前国内 $\phi 42$、$\phi 42$ 和 $\phi 48$ 扣件已有厂家批量生产,已具备使用水平加固杆代替水平架的生产条件。另外,以水平加固杆代替水平架,不会给架体搭设带来麻烦,因此,本标准尝试引导以水平加固杆替代水平架。施工现场现存的水平架仍可使用,但设水平架的架体,要每隔 4 步在门架两侧设水平加固杆对架体进行加固。脚手架的底层门架一般是受力最大的部位,在底层门架下设置扫地杆,对于保证底层门架的刚度及稳定承载能力非常重要。

7.6 轮扣式钢管脚手架构造

本节条文规定参考了广东省、湖南省相关地方标准的规定。

7.7 插槽式钢管支撑架构造

7.7.1 本条规定了支架搭设的高度不宜超过 8 m,试验表明,整体稳定,满足施工一般需求。而当超过 8 m 时,应进行专门的设计,且宜进行堆载试验。

7.7.4 本条规定了立杆与水平杆的搭设最大尺寸,具体尺寸应根据计算排列,且不大于本条规定的最大尺寸。

7.7.5,7.7.6 根据现场施工实际需要,规定了立杆至梁、墙、结构边的距离,但应根据支架上部主梁的承载力计算出比较合理的离墙距离,同时也规定了当立杆间距按模数排列时无法满足离墙距离的情况下,可以采用钢管扣件式增设立杆进行加固。

7.7.7~7.7.10 为了确保插槽式支架的抗侧移能力,规定了钢管扣件剪刀撑的设置要求,主要参照了现行行业标准《建筑施工扣件式钢管脚手架安全技术规范》JGJ 130 的相关规定。

7.8 悬挑式脚手架构造

7.8.2 采用双轴对称截面形式的构件,能更好保证悬挑式脚手架的稳定。

7.9 落地式卸料平台及其他特殊部位脚手架构造

7.9.1 卸料平台供施工现场搭设各种临时性的操作台和操作架,用于材料的周转,属于支撑架。

8 安装、使用与拆除

8.1 一般规定

8.1.1 固定脚手架的搭设施工是一项技术性很强的工作,本标准强调应按专项施工方案施工。

8.1.2 固定脚手架一般搭设在地面上或者建筑结构上。搭设场地平整、坚实,不应有积水,是针对搭设在地面上的固定脚手架而言,回填土场地搭设前应夯实。

8.1.3～8.1.5 固定脚手架在搭设作业前,对施工方案的审核、对隐蔽工程的验收、对专业人员的培训和安全要求、对现场脚手架材料的检查以及对专业人员的安全技术交底,是为了保证架体搭设质量和搭设作业安全。

8.1.6 固定脚手架使用过程中应定期检查,保证架体安全。

8.1.8 固定脚手架搭设过程中应保证人员安全。

8.1.9 脚手架扣件的安装应符合相应的现行国家标准及行业标准的规定。

8.2 扣件式钢管脚手架安装

8.2.1 为保证脚手架搭设中的稳定性,本条规定了一次搭设高度的限值。

8.2.2 本条明确脚手架搭设中允许偏差检查的时间,有利于防止累计误差超过允许偏差而导致难以纠正。

8.2.3 本条的技术要求有利于脚手架立杆受力和沉降均匀。对于其他材料用于脚手架基础,不应低于木垫板承载力及其长度与宽度。

8.3 盘扣式钢管脚手架安装

8.3.1、8.3.2 明确了模板支架的搭设位置,应按施工方案搭设立杆、水平杆,并明确了具体的操作流程。

8.3.3 为避免支架整体稳定承载力因立杆接头产生影响,本条提出了采用的接头处理方式,同时应用铁锤击紧插销,保证水平杆对立杆的有效支承作用。

8.3.4 本条明确了施工现场可以采用目测结合简单器具量测的手段来控制架体搭设的质量,并明确了架体整体竖向的搭设偏差。

8.3.5 建筑楼板多层连续施工,为避免支撑架体对下部支承楼面产生的压力导致楼面破坏,应采用上下层支撑立杆在同一轴线的方式形成有效传力。

8.3.6 本条明确了模板支架搭设完成后混凝土浇筑前的具体管理程序,保证混凝土浇筑期间支架的安全。

8.4 碗扣式钢管脚手架安装

8.4.2~8.4.5 主要规定了架体搭设的允许偏差及升层高度,尤其在第一阶段对脚手架结构情况的检查,是保证后续搭设质量能否符合设计要求的基础。

8.4.7 连墙件是保证架体侧向稳定的重要构件,必须随架体装设,不得疏漏,也不能任意拆除。根据国内外脚手架倒塌事故的分析,其中一部分就是由于连墙件设置不足或连墙件被拆掉造成的。

8.4.8 本条根据现行行业标准《建筑施工安全检查标准》JGJ 59 对作业层设置的基本要求进行了规定。

8.5   门式钢管脚手架安装

8.5.1   本条是关于门式钢管脚手架和模板支架搭设顺序及施工操作程序的规定。选择合理的架体搭设顺序和施工操作程序,是保证搭设安全和减少架体搭设积累误差的重要措施。

8.5.2   搭设门架及配件时的注意事项共规定 4 款,主要强调搭设时应符合本标准的构造要求;交叉支撑、脚手板与门架同时安装;按规定设置防护栏杆等。

8.5.3   加固杆件与门架同步搭设,是避免在架体搭设时产生变形或危及施工安全,不允许先搭门架后安装加固杆。

8.5.4   加固杆和连墙件等杆件采用扣件与门架连接时,因不同型号的门架立杆外径可能存在差异,因此,扣件需与门架、加固杆钢管外径相匹配,不允许以不匹配的扣件替代。

8.5.5,8.5.6   脚手架通道口处用于加强的斜撑杆和托架梁等要求与门架同步搭设,是为避免在搭设中架体发生变形。

8.6   轮扣式钢管脚手架安装

8.6.1~8.6.6   对轮扣式脚手架搭设提出具体要求,并应符合相应的现行国家标准及行业标准的规定。

8.7   插槽式钢管脚手架安装

8.7.1,8.7.2   对插槽式脚手架搭设提出具体要求,并应符合相应的现行国家标准及行业标准的规定。

8.8 悬挑式脚手架安装

8.8.1～8.8.7 规定了悬挑式脚手架的搭设要求和相关注意事项,以保证脚手架搭设中的稳定及防止累计偏差超标。

8.10 拆 除

8.10.1 本条规定了固定脚手架拆除前完成的准备工作和所需具备的技术文件。

8.10.5 本条明确规定了脚手架的拆除顺序及其技术要求,以保证拆除过程中脚手架的整体稳定性。

8.10.6 本条设置的目的是防止拆除过程伤人,避免造成安全事故,同时也能延长构配件使用寿命。

9 检查与验收

9.1 构配件及材料进场检查与验收

9.1.1 质量控制的重点在于进场材料质量检查与检验,以及过程的验收组织与监测监控。

9.2 固定脚手架及支撑架检查与验收

9.2.1~9.2.7 为了保证脚手架搭设的质量,采取了分阶段检查及验收的措施,保证了各个施工阶段支架的安全使用。

10 安全管理

10.0.1 本条对建筑工程固定脚手架及支撑架的搭设安全辅助设施及搭设人员劳防用品作了规定。

10.0.2 本条明确了建筑工程固定脚手架及支撑架作业环境条件与保护措施。

10.0.3 必须强调,荷载限制是建筑工程固定脚手架及支撑架使用安全的根本保证,严禁超载,确保安全。

10.0.4 建筑工程固定脚手架及支撑架必须与周边附属物分开,严禁附属物如缆风绳、混凝土泵管、模板支撑架及其他附着物与支撑架相连,影响架体安全,这是建筑工程固定脚手架及支撑架安全使用的根本保证。

10.0.6 结合现场用电规范对建筑工程固定脚手架及支撑架的防雷接地及与架空线路安全距离作了规定。

10.0.7 本条对建筑工程固定脚手架及支撑架周边环境及实体质量作了规定。

10.0.8 本条对建筑工程固定脚手架及支撑架日常使用安全检查作了规定。

10.0.9 建筑工程固定脚手架及支撑架使用期间,重要构件不得擅自拆除,否则会危及架体,影响架体安全使用。因此,必须严格控制。

10.0.10 本条对建筑工程固定脚手架及支撑架搭设与拆除时间作了规定。夜间施工不仅会影响建筑工程固定脚手架及支撑架搭设质量,同时会造成安全隐患,因此,建筑工程固定脚手架及支撑架搭设与拆除必须在白天进行。

10.0.12 本条对建筑工程固定脚手架及支撑架的消防安全作了

规定。

10.0.13 喷漆作业操作不当易危害操作人员的职业健康安全，废弃油漆易污染环境，本条对此作了规定。

10.0.14～10.0.18 对建筑工程固定脚手架及支撑架搭设及拆除过程中扬尘污染、光污染以及噪声控制作了规定。